罗克韦尔 PLC 应用实例

黄家才　周雯超　张文典　包光旋　编著

东南大学出版社
SOUTHEAST UNIVERSITY PRESS
·南京·

内 容 简 介

本书重点介绍了罗克韦尔 PLC 控制器软硬件设备及其应用技术。本书注重理论与应用的结合,在介绍罗克韦尔系列自动化设备的基础上,给出了 Delta 并联机器人分拣系统设计的应用实例,具有实用性、新颖性和完整性。

本书可作为罗克韦尔系列项目开发人员、现场维护人员的教材和参考书,也可以作为本科和高职院校学生的实践教材。

图书在版编目(CIP)数据

罗克韦尔 PLC 应用实例/黄家才等编著. —南京:
东南大学出版社,2023.12
ISBN 978 - 7 - 5766 - 1203 - 5

Ⅰ.①罗… Ⅱ.①黄… Ⅲ.①PLC 技术 Ⅳ.
①TM571.61

中国国家版本馆 CIP 数据核字(2024)第 019817 号

责任编辑:姜晓乐 责任校对:子雪莲 封面设计:王玥 责任印制:周荣虎

罗克韦尔 PLC 应用实例
Luokeweier PLC YingYong ShiLi

编 著:黄家才 周雯超 张文典 包光旋
出版发行:东南大学出版社
出 版 人:白云飞
社 址:南京四牌楼 2 号 邮编:210096
网 址:http://www.seupress.com
经 销:全国各地新华书店
印 刷:广东虎彩云印刷有限公司
开 本:787mm×1096mm 1/16
印 张:13
字 数:324 千字
版 次:2023 年 12 月第 1 版
印 次:2023 年 12 月第 1 次印刷
书 号:ISBN 978 - 7 - 5766 - 1203 - 5
定 价:55.00 元

本社图书若有印装质量问题,请直接与营销部联系。电话:025 - 83791830

前　　言

可编程逻辑控制器(Programmable Logic Controller,PLC)是一种以计算机技术为基础的新型工业装置。自20世纪60年代PLC问世以来,其因具有可靠性高、抗干扰能力强、编程与维护方便等特点,在工业上得到了广泛的应用。

目前,将机器人技术引入传统的生产行业,提高生产效率、降低劳动强度,已经成为各行业发展的一种新趋势。本书将以罗克韦尔PLC技术为基础,将罗克韦尔自动化设备和Delta并联机器人作为实验平台,设计一套分拣系统作为教学应用实例,以供读者学习与参考。

本书共有四章:第一章罗克韦尔系列硬件设备,重点介绍了本书教学实例中涉及的罗克韦尔PLC控制器及其他硬件设备的特点和使用方法,并介绍了各硬件设备间的网络通信以及接线方式;第二章罗克韦尔软件设备,讲述了本书教学案例中涉及的罗克韦尔软件的使用方法;第三章Logix5000控制器常用编程指令,对本书教学案例中涉及的编程指令中各参数进行了介绍,并附上了各指令的波形图和示例供读者查阅与参考;第四章Delta并联机器人教学应用实例,介绍了Delta并联机器人分拣系统设计应用实例,使读者对罗克韦尔PLC控制器的应用有更深的感悟和理解。

在本书编著过程中,得到了有关人士的大力支持,书中案例均由南京工程学院罗克韦尔工程化项目教学实验室的老师和同学进行了验证,在这里一并表示感谢。

本书以1769-L36ERM控制器的使用作为基础,同时使用Micro850控制器、Kinetix 5500伺服驱动器、PowerFlex 525交流变频器、PanelView 800终端等硬件组成Delta并联机器人分拣系统。可以说,本书是对罗克韦尔PLC技术灵活运用的归纳与总结。本书内容由简入难,循序渐进,从硬件设备间的接线、PLC程序的编写到最后分拣系统的搭建,都进行了详细介绍。

由于作者水平有限,时间仓促,书中难免有疏漏及不妥之处,敬请广大读者批评指正。

作　者

2023年8月于南京工程学院

目 录

第一章　罗克韦尔系列硬件设备

本章要点

- 1769 – L36ERM 控制器
- Micro850 48 点控制器
- Kinetix 5500 伺服驱动器和 VP 低惯量伺服电机
- PowerFlex 525 交流变频器
- PanelView 800 HMI 终端
- 1734 POINT I/O

1.1　CompactLogix 5370 L3 控制器

1.1.1　1769 – L36ERM 控制器概述

CompactLogix 5370 L3 可编程自动化控制器(PAC)是罗克韦尔自动化公司提供的,使用该控制器可作为一种经济实惠的可扩展控制解决方案,非常适合应用于小型单机设备、高性能分度盘、撬装式过程设备、装箱机、开箱机、包装设备等,它具有以下主要特性:

(1) 支持基于 EtherNet/IP(工业以太网网络协议)的集成运动控制,提供了强有力的运动控制解决方案。

(2) 支持设备级环形(DLR)网络拓扑结构,通过双以太网端口和集成式以太网交换机,简化了控制系统中各组件的集成,并降低了系统成本。

(3) 适用于危险场合。该控制器的非储能版(NSE 版)提供了适用于采矿、石油与天然气等行业危险场合的附加特性。

本节以型号为 1769 – L36ERM 的 CompactLogix 5370 L3 控制器为例进行介绍。1769 – L36ERM 控制器外观如图 1–1

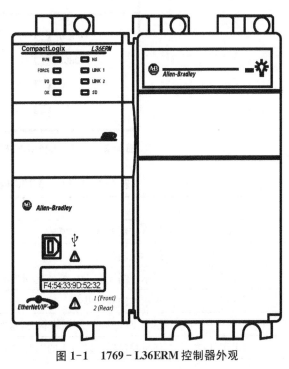

图 1-1　1769 – L36ERM 控制器外观

1

所示,其具体功能见表1-1。

表1-1　1769－L36ERM 控制器功能

1769－L36ERM 控制器	技术参数
支持的控制器任务数	32
每个任务所支持的程序数	100
内部储能解决方案	不需要电池
EtherNet/IP 网络拓扑结构支持	• 设备级环网(DLR) • 线性 • 传统星形
内存大小	3 MB
本地 I/O 模块支持	多达 30 个 Compact I/O 模块
集成运动控制	16 轴 CIP 运动位置环轴
以太网 I/O 节点	64 个
软件/固件	Logix Designer 应用程序(21.00.00 或以上版本),用于使用 21.000 或以上版本的 CompactLogix 5370 L3 控制器;RSLinx Classic 软件(版本 2.59.xx 或更高版本)
电源	1769－PA2 Compact I/O 电源

如图 1-2 所示,状态指示灯区域显示了当前 1769－L36ERM 控制器所处的状态。1769－L36ERM控制器状态指示灯及说明见表1-2～表1-9。

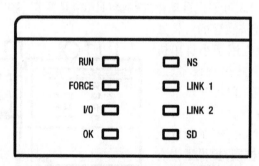

图 1-2　1769－L36ERM 控制器的状态指示灯

表 1-2　1769－L36ERM 控制器状态指示灯

状态指示灯	功能描述
RUN	指示控制器的工作模式
FORCE	指示强制状态
I/O	指示控制器和 I/O 模块之间当前的通信状态
OK	指示控制器的状态
NS	指示 EtherNet/IP 网络状态,这些状态与在网络上运行的控制器有关
LINK 1	指示控制器上端口 1 的 EtherNet/IP 链接状态

（续表）

状态指示灯	功能描述
LINK 2	指示控制器上端口 2 的 EtherNet/IP 链接状态
SD	指示 SD 卡当前是否活动

表 1-3 控制器模式（RUN）状态指示灯

状态	功能描述
熄灭	控制器处于编程或测试模式
绿色	控制器处于运行模式

表 1-4 强制状态（FORCE）指示灯

状态	功能描述
熄灭	没有标签包含 I/O 强制值，I/O 强制值未激活（禁用）
黄色	I/O 强制值已激活（启用），I/O 强制值可能存在，也可能不存在
黄色闪烁	一个或多个输入或输出地址已经被强制为 On 或 Off 状态，但强制尚未启用

表 1-5 I/O 状态（I/O）指示灯

状态	功能描述
熄灭	存在以下任意一种情况： • 控制器的 I/O 配置中没有设备 • 该控制器中没有项目
绿色	控制器正在与其 I/O 配置中的所有设备通信
绿色闪烁	控制器 I/O 配置中的一个或多个设备没有响应
红色闪烁	存在以下任意一种情况： • 控制器没有和任何设备通信 • 控制器发生故障

表 1-6 控制器状态（OK）指示灯

状态	功能描述
熄灭	没有上电
绿色	控制器正常
绿色闪烁	控制器正在将项目存储到 SD 卡中，或者正在从 SD 卡中加载项目
红色	控制器检测到不可恢复的主要故障，并从其内存中清除项目
红色闪烁	存在以下任意一种情况： • 控制器的固件需要更新 • 控制器发生可恢复的主要故障 • 控制器发生不可恢复的主要故障，并已从其内存中清除程序 • 正在更新控制器的固件 • 正在更新嵌入式 I/O 模块的固件
从暗绿色变为红色	在关机时将项目保存到闪存中

表 1-7 以太网状态(NS)指示灯

状态	功能描述
熄灭	端口没有初始化,它未被分配 IP 地址且正在 BOOTP(引导程序协议)或 DHCP(动态主机配置协议)模式下运行
绿色	端口已分配 IP 地址且已建立 CIP(通用工业协议)连接
绿色闪烁	端口已分配 IP 地址但未建立 CIP 连接
红色	端口检测到分配的 IP 地址已被占用
红色/绿色闪烁	端口正在执行上电自检

表 1-8 以太网链接状态(LINK 1/LINK 2)指示灯

状态	功能描述
熄灭	存在以下任意一种情况: • 无链接 • 端口被管理员禁用 • 端口之所以被禁用,是因为检测到快速环路故障(LINK 2)
绿色	存在以下任意一种情况: • 存在 100 Mb/s 链接(半双工或全双工),处于非活动状态 • 存在 10 Mb/s 链接(半双工或全双工),处于非活动状态 • 环形网络正常运行,且控制器正在进行监控 • 环形网络遇到罕见的局部网络故障,且控制器正在进行监控
绿色闪烁	存在以下任意一种情况: • 存在 100 Mb/s 链接,且处于活动状态 • 存在 10 Mb/s 链接,且处于活动状态

表 1-9 SD 卡状态指示灯

状态	功能描述
熄灭	SD 卡中没有活动
绿色闪烁	控制器正在读/写 SD 卡
红色闪烁	SD 卡没有有效的文件系统

1769-L36ERM 控制器共有三种工作模式,分别为 Run(运行)模式、Prog(编程)模式和 Rem(远程)模式,其具体实现的功能说明见表 1-10。用户可根据需求,在如图 1-3 所示的模式开关位置设置不同的模式,但是需要注意的是,在更改模式时,应当先确保设备断电或者该区域无危险。

表 1-10　1769-L36ERM 控制器的工作模式

模式开关挡位	功能描述		
Run(运行)	用户可执行以下任务： • 上传项目 • 运行程序并启用输出 用户无法执行以下任务： • 更新控制器固件 • 创建或删除任务、程序或例程 • 创建或删除标签或进行联机编辑 • 将程序导入控制器中 • 更改控制器的端口配置、高级端口配置或网络配置设置 • 直接更改控制器的配置参数，以便能在设备级环形(DLR)网络拓扑结构中运行		
Prog(编程)	用户可执行以下任务： • 更新控制器固件 • 禁用输出 • 上传/下载项目 • 创建、修改和删除任务、程序或例程 • 更改控制器的端口配置、高级端口配置或网络配置设置 用户无法执行以下任务： • 使用控制器执行(扫描)任务		
Rem(远程)	用户可执行以下任务： • 上传/下载项目 • 更改控制器的端口配置、高级端口配置或网络配置设置 • 使用应用程序在远程编程模式、远程测试模式和远程运行模式之间切换		
	远程运行	• 控制器执行(扫描)任务 • 启用输出 • 联机编辑	
	远程编程	• 更新控制器固件 • 禁用输出 • 创建、修改和删除任务、程序或例程 • 下载项目 • 联机编辑 • 控制器不执行(扫描)任务	
	远程测试	• 执行任务时禁用输出 • 联机编辑	

1.2.1　EtherNet/IP 网络通信

EtherNet/IP(工业以太网网络协议)是一种开放式工业网络协议,既支持实时 I/O 消息传递,也支持消息交换。EtherNet/IP 网络是通信网络,该网络为多种自动化应用提供一整套全面的消息通信与服务功能。这里要特别说明的是,本书所介绍的硬件设备都使用 EtherNet/IP 进行设备间的网络通信。

EtherNet/IP 网络通过在标准 Internet 协议(如 TCP/IP 和 UDP)上叠加通用工业协议(CIP)的方式提供全套控制、配置和数据收集服务。这些广泛使用的标准组合提供了支持信息数据交换和控制应用所要求的功能。

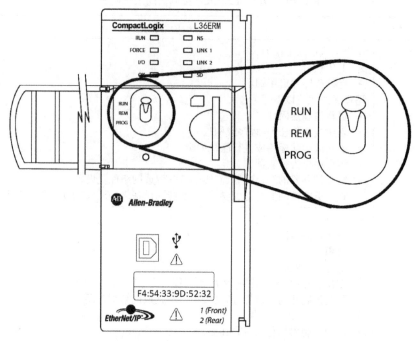

图 1-3　1769 - L36ERM 控制器的模式开关

1769 - L36ERM EtherNet/IP 通信支持以 10 Mb/s 或 100 Mb/s 的速率运行，EtherNet/IP 节点数量最大可达 48 个，TCP/IP 连接可达 256 路。双端口 EtherNet/IP 支持在控制器中直接嵌入交换机技术，因此 1769 - L36ERM 控制器可以采用星形、线性或环形 EtherNet/IP 拓扑结构工作。

（1）设备级环网拓扑结构

DLR 网络拓扑结构是一种单故障容错环网，用于自动化设备的互联。DLR 网络由监测（活动与备用）节点和环网节点组成。检测到故障后，DLR 网络拓扑结构会自动转换成线性网络拓扑结构，新的网络拓扑结构会保持网络上的数据通信。DLR 网络拓扑结构一般能轻松地检测和修正故障条件。

1769 - L36ERM 控制器能直接连到 DLR 网络拓扑结构，也就是说，不需要 1783 - ETAP 分接器就能连接网络。在 DLR 网络拓扑结构中，控制器能够担任任何角色，即活动监控节点、备用监控节点或环网节点。图 1-4 为采用 DLR 网络拓扑结构的 1769 - L36ERM 控制系统示例，1769 - L36ERM 控制器上的两个以太网端口按要求的连接方式连接网络。

（2）线性网络拓扑结构

线性网络拓扑结构指在 EtherNet/IP 网络中采用菊花链方式连接在一起的设备的集合，能够连接到线性网络拓扑结构的设备采用嵌入式交换机技术，无需使用单独的交换机，但是在星形网络拓扑结构中的设备则需要使用单独的交换机。图 1-5 为采用线性网络拓扑结构的 1769 - L36ERM 控制系统示例，1769 - L36ERM 控制器上的两个以太网端口按要求的连接方式连接到网络。

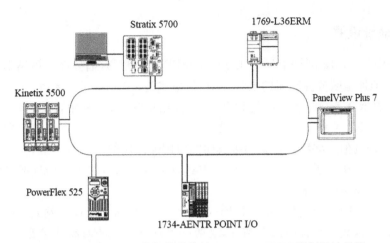

图 1-4 采用 DLR 网络拓扑结构的 1769 – L36ERM 控制系统示例

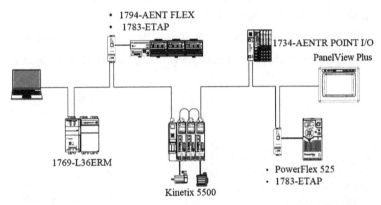

图 1-5 采用线性网络拓扑结构的 1769 – L36ERM 控制系统示例

（3）星形网络拓扑结构

星形网络拓扑结构是一种传统的 EtherNet/IP 网络结构,它通过以太网将多台设备连接在一起。图 1-6 所示为采用星形网络拓扑结构的 1769 – L36ERM 控制系统示例,1769 – L36ERM 控制器上的一个以太网端口连接到网络。

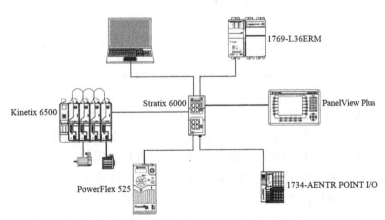

图 1-6 采用星形网络拓扑结构的 1769 – L36ERM 控制系统示例

1.3.1 IP地址设置

若要在EtherNet/IP网络上运行1769-L36ERM控制器,需要一个网络Internet协议(IP)地址。IP地址是区分控制器的唯一标识,其格式为×××.×××.×××.×××,其中每个×××表示介于000和254的数字(一些保留值除外)。其中,000.×××.×××.×××、127.×××.×××.×××、224到255.×××.×××.×××这三类数字为不可使用的保留值,而其他一些特定值则根据具体的应用加以保留。

根据系统情况,用户需要为没有分配过IP地址的控制器设置一个地址或者为已经分配过IP地址的控制器更改地址。

注:1769-L36ERM控制器有两个EtherNet/IP网络端口可以连接到EtherNet/IP网络,作为控制器嵌入式交换机的组成部分,这两个端口所承载的网络流量是相同的。但是,控制器只用一个IP地址。

控制器首次上电时(即首次调试控制器时),用户必须设置1769-L36ERM控制器的IP地址,以后每次给控制器上电时,不要求设置IP地址。

1769-L36ERM控制器IP地址的设置工具选择如图1-7所示,可通过BootP-DHCP实用工具、RSLinx Classic软件和Studio 5000 Logix Designer应用程序设置IP地址。

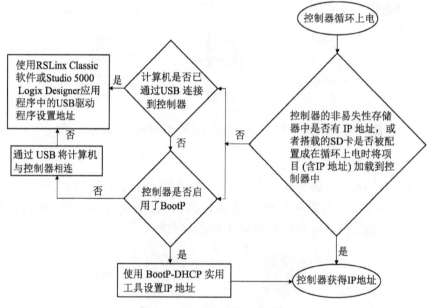

图1-7 IP地址设置工具选择

1. BootP-DHCP实用工具

BootP-DHCP实用工具可用于IP地址的设置,在启动BootP-DHCP实用工具之前,应确保用户已获取控制器的硬件(MAC)地址。硬件地址在控制器的正面如图1-8所示。

使用BootP-DHCP实用工具设置控制器的IP地址,具体操作步骤如下:

(1)启动BootP-DHCP实用工具。

(2)在"Tools"(工具)菜单中选择"Network Settings"(网络设置),如图1-9所示。

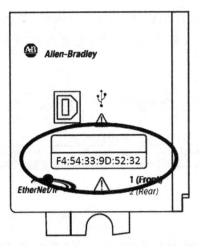

图 1-8　1769-L36ERM 的硬件(MAC)地址

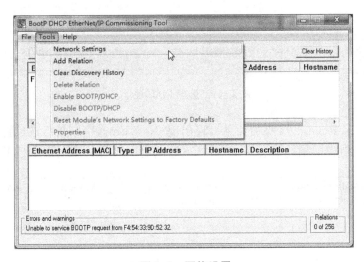

图 1-9　网络设置

（3）输入网络的子网掩码，如图 1-10 所示。网关地址、主 DNS 地址、次 DNS 地址以及域名字段均为选填项。

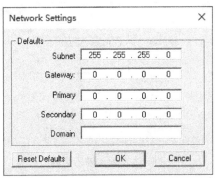

图 1-10　输入网络的子网掩码

（4）单击"OK"（确定），将会出现"Discovery History"（发现历史）面板，其中，有发出BootP和DHCP请求的所有设备的硬件地址，选择与控制器MAC地址相同的一行，如图1-11所示。

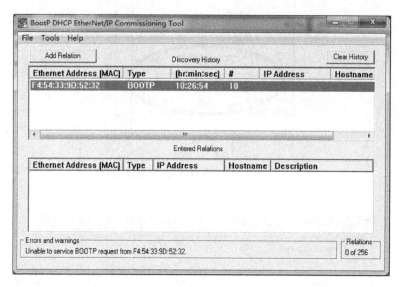

图1-11　选择MAC地址

（5）单击"Add Relation"（添加关系），将出现"New Entry"（新条目）对话框。输入IP地址、主机名称及控制器的描述信息，并单击"OK"（确定），如图1-12、图1-13所示。

图1-12　添加关系

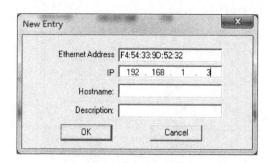

图1-13　输入描述信息

（6）若要将该配置永久分配给控制器，在"Entered Relations"（关系列表）面板中将其选中,如图 1-14 所示,单击窗口上方的 Disable BootP/DHCP(禁用 BootP-DHCP)。

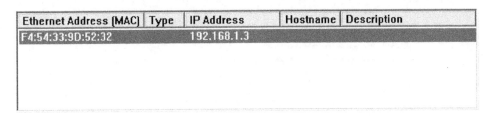

Ethernet Address [MAC]	Type	IP Address	Hostname	Description
F4:54:33:9D:52:32		192.168.1.3		

图 1-14 禁用 BootP-DHCP

重新上电后,控制器会使用分配的配置,而不会发出 BootP 请求。

注:如果未单击 Disable BootP/DHCP(禁用 BootP-DHCP),则循环上电后,主机控制器会清除当前的配置并再次发出 BootP 请求。

2. RSLinx Classic 软件

若要通过 RSLinx Classic 软件给 1769 - L36ERM 控制器首次设置 IP 地址(即给没有 IP 地址的控制器分配地址),则必须通过 USB 端口连接到控制器,具体操作步骤如下:

(1)确保将计算机与控制器通过 USB 电缆相连。

(2)启动 RSLinx Classic 软件,从"Communications"(通信)下拉菜单中选择"RSWho",如图 1-15 所示,接着会出现"RSWho"对话框,其中包含 USB 驱动程序。导航到 USB 网络,右键单击控制器,选择"Module Configuration"(模块配置),如图 1-16 所示。

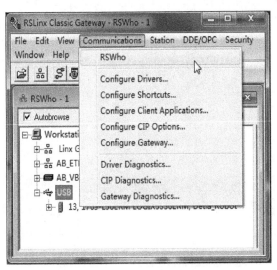

图 1-15 选择 RSWho

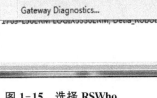

图 1-16 模块配置

(3)在"Module Configuration"(模块配置)对话框中单击"Port Configuration"(端口配置)选项卡,配置方式选择"Manually configure IP settings"(手动配置 IP 设置),并输入 IP 地址和网络掩码,如图 1-17 所示,最后单击"确定"即可。后续需要更改 IP 地址也可在"Port Configuration"(端口配置)选项卡中进行更改。

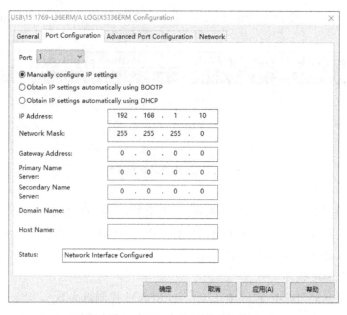

图 1-17　输入 IP 地址和网络掩码

3. Studio 5000 Logix Designer 应用程序

和通过 RSLinx Classic 软件给 1769 - L36ERM 控制器设置 IP 地址一样,在 Studio 5000 环境里给控制器设置地址,必须通过 USB 端口连接控制器,具体操作步骤如下:

(1) 用 USB 数据线将计算机与控制器连接。

(2) 启动 Studio 5000 环境,新建工程,从"Communications"(通信)下拉菜单中,点击 "RSWho",选择"Who Active",如图 1-18 所示。

(3) 出现"Who Active"对话框,选择 USB 驱动程序所连接的设备,单击"Set Project Path"(设置项目路径),如图 1-19 所示。

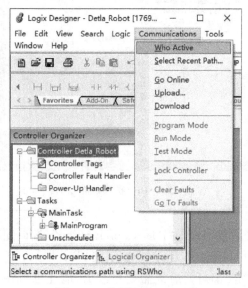

图 1-18　选择"Who Active"

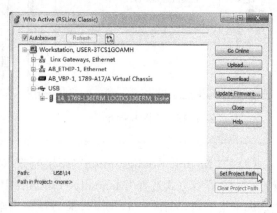

图 1-19　设置项目路径

（4）单击"Download"（下载），出现"Download"对话框，再次单击"Download"（下载），新建工程就会被下载到控制器中，并在远程编程模式或编程模式下进入联机状态，如图 1-20、图 1-21 所示。

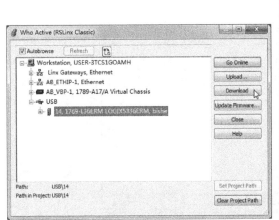

图 1-20　下载

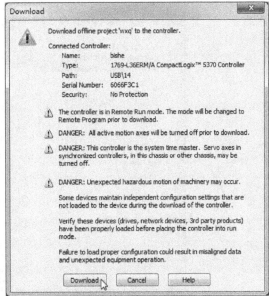

图 1-21　再次确认下载

（5）在控制器项目管理器中，右键单击控制器名称，并选择"Properties"（属性），如图 1-22 所示。

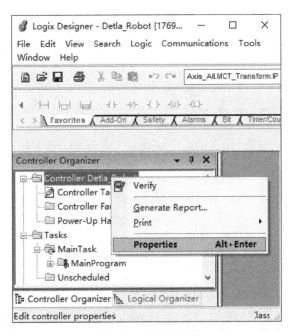

图 1-22　选择属性

（6）在"Controller Properties"（控制器属性）对话框中单击"Internet Protocol"（网络协议）选项卡，如图 1-23 所示。

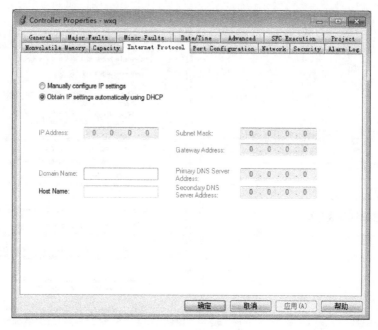

图 1-23　网络协议选项

（7）单击"Manually configure IP settings"（手动配置 IP 设置），并输入 IP 地址、子网掩码及其他配置信息，然后单击确定，如图 1-24 所示。后续需要更改 IP 地址也可在"Internet Protocol"（网络协议）选项卡中进行更改。

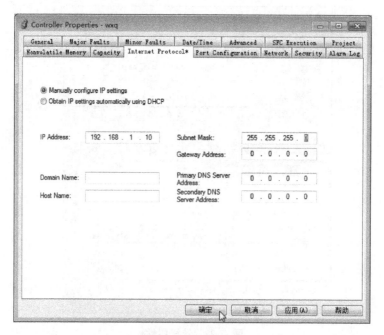

图 1-24　修改 IP 地址

（8）提示确认 IP 地址设置时，单击"是（Y）"，此时控制器将使用新配置的 IP 地址，如图 1-25 所示。

图 1-25 确认 IP 地址设置

1.2 Micro850 48 点控制器

1.2.1 Micro850 48 点控制器概述

Micro850 控制器是罗克韦尔自动化公司的一种带嵌入式输入和输出的可扩展方块控制器。它可以嵌入 2～5 个模块，最多支持 4 个扩展 I/O 模块。根据 I/O 点数，Micro850 控制器可分为 24 点和 48 点两种款型。本节以 48 点的 Micro850 控制器为例进行介绍。Micro850 48 点控制器包含 12 个高速直流输入，16 个标准直流输入，4 个高速输出，16 个标准输出，外观如图 1-26 所示，硬件说明见表 1-11。Micro850 48 点控制器上的状态指示灯，可以帮助用户更好地了解控制器的工作状态，其状态指示灯及说明见表 1-12 和表 1-13。

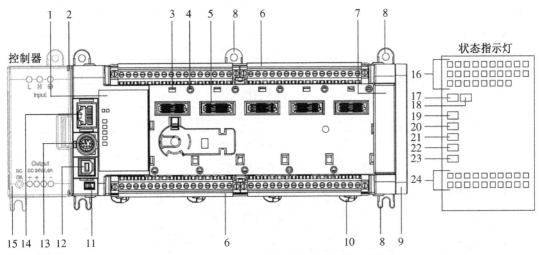

图 1-26 Micro850 48 点控制器外观和状态指示灯

表 1-11　Micro850 48 点控制器硬件说明

标号	说明	标号	说明
1	状态指示灯	9	扩展 I/O 槽盖
2	可选电源插槽	10	DIN 导轨安装锁销
3	功能性插件锁销	11	模式开关
4	功能性插件螺丝孔	12	B 类连接器 USB 端口
5	40 管脚高速功能性插件连接器	13	RS232/RS485 非隔离式复用串行端口
6	可拆卸 I/O 端子块	14	RJ - 45 EtherNet/IP 连接器(带嵌入式黄色和绿色 LED 灯)
7	右侧盖板	15	可选交流电源
8	安装螺丝孔/安装支脚		

表 1-12　Micro850 48 点控制器状态指示灯

标号	说明	标号	说明
16	输入状态	21	故障状态
17	模块状态	22	强制状态
18	网络状态	23	串行通信状态
19	电源状态	24	输出状态
20	运行状态		

表 1-13　指示灯状态说明

序号	指示灯状态	状态显示	描述
1	输入状态	不亮	输入未通电
		亮起	输入已通电(终端状态)
2	电源状态	不亮	无输入电源或电源故障
		绿色	电源接通
3	运行状态	不亮	未执行用户程序
		绿色	正以运行模式执行用户程序
		绿色闪烁	存储器模块正在传送数据
4	故障状态	不亮	未检测到故障
		红色	出现不可恢复故障,需要循环上电
		红色闪烁	出现可恢复故障
5	强制状态	不亮	不存在有效的强制赋值条件
		黄色	存在有效的强制赋值条件

（续表）

序号	指示灯状态	状态显示	描述
6	串行通信状态	不亮	RS－232/RS－485 无通信
		绿色	通过 RS－232/RS－485 通信。指示灯仅在发送数据时闪烁,接收数据时不闪烁
7	输出状态	不亮	输入未通电
		亮起	输入已通电(逻辑状态)
8	模块状态	常灭	未上电
		绿色闪烁	待机
		绿色常亮	设备正在运行
		红色闪烁	出现次要故障(次要和主要可恢复故障)
		红色常亮	出现主要故障(不可恢复故障)
		红灯绿灯交替闪烁	设备正在执行上电自检(POST),执行 POST 期间,网络状态指示灯绿灯和红灯交替闪烁
9	网络状态	常灭	设备未通电,或通电但无 IP 地址
		绿色闪烁	IP 地址已配置,但未连接以太网应用
		绿色常亮	至少建立了一个 EtherNet/IP 会话
		红色闪烁	连接超时(未接通)
		红色常亮	设备检测到其 IP 地址正被网络中的另一个设备使用,该状态仅在启用了设备 IP 地址冲突检测(ACD)功能时适用
		红灯绿灯交替闪烁	设备正在执行上电自检(POST),执行 POST 期间,网络状态指示灯绿灯和红灯交替闪烁

1.2.2 I/O 配置

Micro850 48 点控制器有 4 种型号,不同型号控制器的 I/O 配置不同,控制器的 I/O 数量见表 1-14。

表 1-14 Micro850 48 点控制器的 I/O 数量

控制器	输入数量		输出数量		
	AC120 V	DC/AC24 V	继电器型	24 V 灌入型	24 V 拉出型
2080－LC50－48AWB	28		20		
2080－LC50－48QBB		28			20
2080－LC50－48QVB		28		20	
2080－LC50－48QWB		28	20		

以型号为 2080 - LC50 - 48QWB 的 48 点 Micro850 控制器为例,介绍该控制器的输入、输出端子及其信号模式。外部接线如图 1-27 所示。第一、二排 I - 00～I - 27 为输入端口,第三、四排 O - 00～O - 19 为输出端口。其中,I - 00～I - 11 也可作为高速输入口。

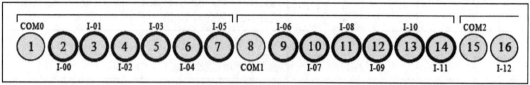

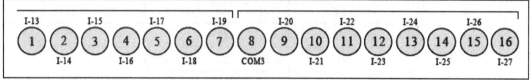

（a）输入端子块

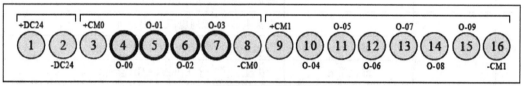

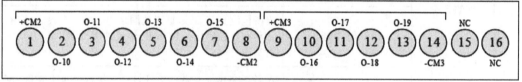

（b）输出端子块

图 1-27　输入/输出端子块

Micro850 控制器的输入和输出分为灌入型和拉出型,但这仅针对数字量而言,并不适用于模拟量。其接线方式如图 1-28～图 1-31 所示。

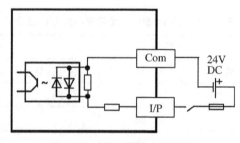

图 1-28　灌入型输入接线图

不同型号的控制器,高速输入/输出的点不同,具体分布见表 1-15。

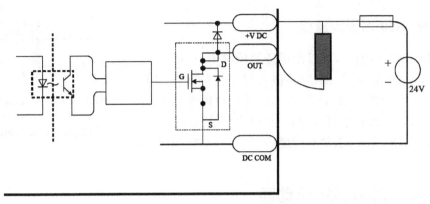

图 1-29 灌入型输出接线图

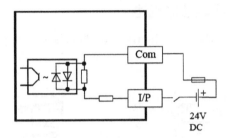

图 1-30 拉出型输入接线图

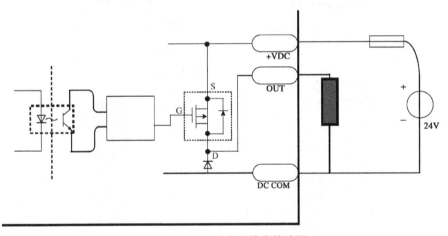

图 1-31 拉出型输出接线图

表 1-15 Micro850 48 点控制器高速输入、输出点的分布情况

控制器型号	高速输入、输出点分布
2080 - LC50 - 48AWB	I - 00～I - 11
2080 - LC50 - 48QBB	I - 00～I - 11,O - 00～O - 02
2080 - LC50 - 48QVB	I - 00～I - 11,O - 00～O - 02
2080 - LC50 - 48QWB	I - 00～I - 11

1.2.3　Micro850 以太网通信

对于 Micro850 控制器,可以使用任何标准 RJ－45 以太网电缆通过 10/100Base－T 端口(带嵌入式绿色和黄色 LED 指示灯)与以太网相连,如图 1-32 所示。绿色和黄色 LED 指示灯为 EtherNet/IP 指示灯,用于显示模块和网络状态,有关说明见表 1-13。IP 地址的设置将在后续 CCW 编程软件中介绍。

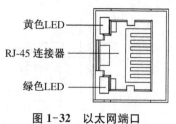

图 1-32　以太网端口

1.3　Kinetix 5500 伺服驱动器

1.3.1　Kinetix 5500 伺服驱动器概述

以型号为 2198－H003－ERS 的 Kinetix 5500 伺服驱动器为例,其外观如图 1-33 所示,端口及功能说明见表 1-16。

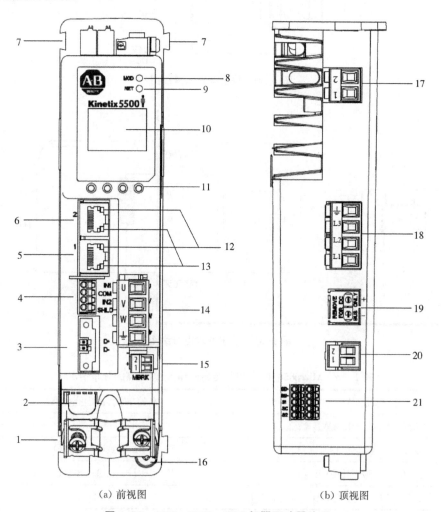

（a）前视图　　　　　　（b）顶视图

图 1-33　2198－H003－ERS 伺服驱动器外观

表 1-16　2198-H003-ERS 伺服驱动器功能和指示灯描述

序号	描述	序号	描述
1	电机电缆屏蔽夹	12	链接速度状态指示灯
2	转换器套件安装孔(在盖下方)	13	链接/活动状态指示灯
3	电机反馈(MF)连接器	14	电机电源(MP)连接器
4	数字量输入(10D)连接器	15	电机制动器(BC)连接器
5	以太网(PORT 1) RJ-45 连接器	16	接地端子
6	以太网(PORT 2) RJ-45 连接器	17	安全断开扭矩(STO)连接器
7	埋入式安装锁销/开口	18	分流电阻(RC)连接器
8	模块状态指示灯	19	交流主输入电源(IPD)连接器
9	网络状态指示灯	20	直流母线(DO)连接器(在盖下)
10	液晶显示屏	21	24 V 控制输入电源(CP)连接器
11	导航按钮		

　　Kinetix 5500 伺服驱动器有两个状态指示灯和一个 LCD 状态显示屏,如图 1-34 所示。指示灯和显示屏用于监视系统状态、设置网络参数和处理故障。显示屏正下方有四个导航按钮,用于选择软菜单项。

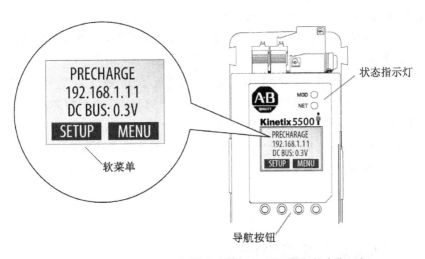

图 1-34　Kinetix 5500 伺服驱动器 LCD 显示屏和状态指示灯

　　图 1-35 为伺服驱动器 LCD 显示屏主画面,SETUP(设置)选项连接到两个左侧按钮,MENU(菜单)选项连接到两个右侧按钮。

　　图 1-36 为软菜单画面,通过按各菜单项正下方的导航按钮来执行每个软菜单项。软菜单说明见表 1-17。

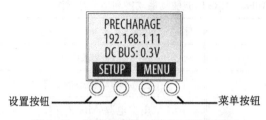

设置按钮 —————— 菜单按钮

图1-35　伺服驱动器LCD显示屏主画面　　　图1-36　软菜单画面

表1-17　软菜单说明

ESC	按下可返回,按下时间足够长时返回主画面
▲ ▼	按相应箭头前后移动选项,更改值时,按向上箭头使突出显示的值递增,到达列表末尾值会翻转
◀	按下可选择要更改的值,从右向左移动。到达列表末尾时值会翻转
↵	按下可选择菜单项

1.3.2　Kinetix 5500 以太网通信

EtherNet/IP运用CIP同步和CIP运动控制技术,通过标准的以太网提供实时闭环运动控制。Kinetix 5500伺服驱动器配备了可实现多种拓扑的双以太网端口,使用图1-33中的PORT 1和PORT 2接口连接EtherNet/IP网络。

若使用LCD显示屏对网络参数进行设置,需按以下步骤:

(1) 在LCD显示屏中,选择SETUP(设置)→NETWORK(网络),然后选择STATIC IP(静态IP)或DHCP,默认设置为STATIC IP(静态IP)。

(2) 如果设置为STATIC IP(静态IP),则按下↵配置IP地址、网关和子网掩码。

通过将伺服驱动器添加到已配置的EtherNet/IP网络,可将伺服驱动器加入Studio 5000 Logix Designer应用程序。设置网络参数后,可在Studio 5000环境中查看驱动器状态信息并在Studio 5000 Logix Designer应用程序中使用驱动器,还可通过RSLinx Classic软件中的Module Configuration(模块配置)对话框更改IP地址,循环上电后IP地址更改生效。

1.4　PowerFlex 525 交流变频器

1.4.1　PowerFlex 525 交流变频器概述

PowerFlex 525系列交流变频器是罗克韦尔自动化公司的新一代交流变频产品,其外观如图1-37所示。它采用创新型设计,功能全面多样,既可配合独立机器使用,也适用于简单的系统集成。

PowerFlex 525交流变频器非常适合用于具有更多电机控制选项、标准安全功能和

EtherNet/IP 通信需求的联网机器。其模块化设计有助于减少备件库存,并能使变频器的安装和配置更加快捷,并且 EtherNet/IP 连接也支持与 Logix 环境进行无缝集成。另外,PowerFlex 525 交流变频器有多种易于使用的软件和工具可供选用,有助于简化设计、配置和编程工作,其具体特性如表 1-18 所示。

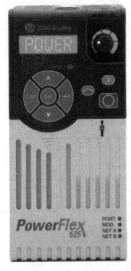

图 1-37　PowerFlex 525 交流变频器

表 1-18　PowerFlex 525 交流变频器特性

特性	描述
功率范围	0.4～22 kW/0.5～30 HP,满足 100～600 V 的不同电压等级要求
配置和编程	• 多语言 LCD 人机界面模块(HIM) • Connected Components Workbench 软件 • Studio 5000 Logix Designer
安全	• 内置硬接线安全断开扭矩 • 通过 SIL2/PLd 类别 3 认证
通信	• 内置 EtherNet/IP 端口 • 可选双端口 EtherNet/IP 卡 • 内置 DSI 端口支持多台变频器联网,一个节点上最多可连接 5 台 PowerFlex 交流变频器

1.4.2　PowerFlex 525 交流变频器集成键盘操作

PowerFlex 525 集成式键盘显示屏和参数组说明如图 1-38 所示,其 LED 指示灯和控制按键说明见表 1-19 和表 1-20。

菜单	参数组和描述
b	**基本显示** 最常查看的变频器操作状态
P	**基本程序** 最常用的可编程功能
t	**端子块** 可编程端子功能
C	**通信** 可编程通信功能
L	**逻辑 (仅限 PowerFlex 525)** 可编程逻辑功能
d	**高级显示** 变频器高级操作状态
A	**高级程序** 其余可编程功能
N	**网络** 网络功能,仅在使用通信卡时显示
M	**已修改** 来自其他组中默认值已被更改的功能
f	**故障和诊断** 具体故障状态的代码列表
G	**AppView 和 CustomView** 来自其他组中根据特定应用组合在一起的功能

图 1-38　PowerFlex 525 交流变频器显示屏和控制按键说明

表1-19 各指示灯状态说明

显示符	状态	描述
ENET	关闭	适配器未连接到网络
	常亮	适配器已连接到网络,且变频器通过以太网进行控制
	闪烁	适配器已连接到网络,但变频器未通过以太网进行控制
LINK	关闭	适配器未连接到网络
	常亮	适配器已连接到网络,但未发送数据
	闪烁	适配器已连接到网络,并正在发送数据
FAULT	红色闪烁	指示变频器发生故障

表1-20 各按键说明

控制按键	名称	描述
	上下箭头	滚动显示参数或组(增大/减小闪烁的数值)
	退出	在编程菜单中后退一步(取消对参数值的更改并退出程序模式)
	选择	在编程菜单中前进一步(在查看参数值时选择一个字)
	回车	在编程菜单中前进一步(保存对参数值的更改)
	反向	用于反转变频器的方向(默认为有效状态)
	启动	用于启动变频器(默认为有效状态)
	停止	用于停止变频器或清除故障(该键始终处于有效状态)
	电位器	用于控制变频器的速度(默认为有效状态)

表1-21是集成键盘和显示屏基本功能的示例。该例介绍了基本导航指令,并说明了如何查看和编辑变频器参数。

表 1-21　查看和编辑变频器参数

步骤	控制按键	显示屏示例
1. 通电后,显示屏将以闪烁字符短暂显示上一次由用户选择的基本显示组参数号,然后显示屏默认显示参数的当前值[示例中显示的是变频器停止时 b001(输出频率)的值]		FWD 0.00 HERTZ
2. 按下 Esx 键,通电时基本组参数号将闪烁显示	Esx	FWD b001
3. 按下 Esx 键,进入参数组列表。参数组字母将闪烁显示	Esx	FWD b001
4. 按下向上或向下箭头滚动该组列表(b、P、t、C、L、d、A、f 和 Gx)	△ or ▽	FWD P031
5. 按下回车或 Sel,进入一个组。该组中上一次查看的参数的最右边数字将闪烁显示	⏎ or Sel	FWD P031
6. 按下向上或向下箭头滚动显示参数列表	△ or ▽	FWD P031
7. 按回车查看参数值,或按 Esx 返回到参数列表	⏎	FWD 230 VOLTS
8. 按下回车或 Sel 进入程序模式并编辑相应的值。右边的数字将闪烁显示,液晶显示屏上单词"PROGRAM"将亮起	⏎ or Sel	FWD 230 VOLTS PROGRAM
9. 按下向上或向下箭头更改参数	△ or ▽	FWD 229 VOLTS PROGRAM
10. 如有必要,按下 Sel 在数字或数位之间移动。可更改的数字或数位将会闪烁显示。按下向上箭头或向下箭头更改参数	Sel	FWD 229 VOLTS PROGRAM
11. 按下 Esx 取消更改并退出程序模式,或按下回车保存更改并退出程序模式。数字将停止闪烁,液晶显示屏上单词"PROGRAM"将熄灭	Esx or ⏎	FWD 230 VOLTS or FWD 229 VOLTS
12. 按 Esx 返回到参数列表,继续按下 Esx,直到退出编程菜单。如果按下 Esx 后显示画面未改变,则显示 b001(输出频率)。按下回车或 Sel 选择重新进入组列表	Esx	FWD P031

1.4.3 PowerFlex 525 以太网通信

PowerFlex 525 交流变频器提供了 EtherNet/IP 端口,可支持以太网通信。

本节列举了配置以太网 IP 地址需要的基本显示组和通信参数组的部分参数,见表 1-22 和表 1-23。在基本显示组中,参数 b012 为启动命令和频率命令的有效源,控制源选项设置说明如图 1-39 所示。选择 b012 控制源选项后,将频率命令源设置为 15,启动命令源设置为 5。显示屏显示 155 时,表示启动命令源与频率命令源均来自 EtherNet/IP。接着进入通信参数组中的 C128 以太网地址选项,在 C129～C132 中分别输入 IP 地址 192.168.1.X,在 C133～C136 中分别输入子网掩码 255.255.255.0 即可。断电重启后 IP 地址设置成功。

表 1-22 基本显示组

基本显示组	输出频率 b001	故障2代码 b008	输出速度 b016	节省能源 b023
	命令频率 b002	故障3代码 b009	输出功率 b017	累积节省千瓦时 b024
	输出电流 b003	过程显示 b010	节省功率 b018	累积节省成本 b025
	输出电压 b004	控制源 b012	消耗的运行时间 b019	累积节省二氧化碳 b026
	直流母线电压 b005	控制输入状态 b013	平均功率 b020	变频器温度 b027
	变频器状态 b006	数字量输入状态 b014	已消耗千瓦时 b021	控制温度 b028
	故障1代码 b007	输出每分钟转速 b015	已消耗兆瓦时 b022	控制软件成本 b029

表 1-23 通信参数组(部分)

通信参数组	EN 地址选择 C128	EN 子网配置1 C133	EN 网关配置1 C137
	EN 地址配置1 C129	EN 子网配置2 C134	EN 网关配置2 C138
	EN 地址配置2 C130	EN 子网配置3 C135	EN 网关配置3 C139
	EN 地址配置3 C131	EN 子网配置4 C136	EN 网关配置4 C140
	EN 地址配置4 C132		

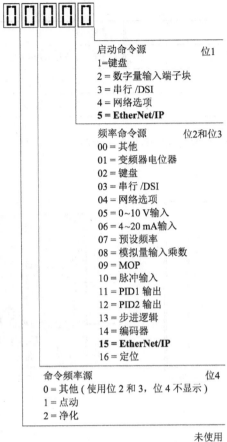

启动命令源　　　　　　位1
1＝键盘
2＝数字量输入端子块
3＝串行/DSI
4＝网络选项
5＝EtherNet/IP

频率命令源　　　　　位2和位3
00＝其他
01＝变频器电位器
02＝键盘
03＝串行/DSI
04＝网络选项
05＝0~10 V输入
06＝4~20 mA输入
07＝预设频率
08＝模拟量输入乘数
09＝MOP
10＝脉冲输入
11＝PID1 输出
12＝PID2 输出
13＝步进逻辑
14＝编码器
15＝EtherNet/IP
16＝定位

命令频率源　　　　　位4
0＝其他（使用位2和3，位4不显示）
1＝点动
2＝净化

未使用

图 1-39　b012 控制源选项设置说明

1.5　PanelView 800 终端

1.5.1　PanelView 800 终端概述

　　PanelView 800 触摸屏可供操作者直接通过触摸屏监视和控制连接到控制器的设备。可先使用 Connected Components Workbench(CCW)编程软件创建 HMI 应用程序，然后将其下载到显示屏。

　　以型号为 2711R-T7T 的触摸屏为例，其外观如图 1-40 所示，具体结构说明见表 1-24。

表 1-24　2711R-T7T 触摸屏结构说明

序号	说明	序号	说明
1	电源状态 LED	4	RS-422 和 RS-485 端口
2	触摸屏	5	RS-232 端口
3	安装槽	6	10/100 Mbit EtherNet 端口

（续表）

序号	说明	序号	说明
7	可更换式实时时钟电池	10	Micro-SD(安全数字)卡槽
8	USB 主机端口	11	24 V 直流电源输入
9	诊断状态指示灯	12	USB 设备端口

注：
（1）在屏幕保护程序或调光模式下，电源状态 LED 为红色，正常(工作)模式下则为绿色。
（2）USB 设备端口并非供客户使用。

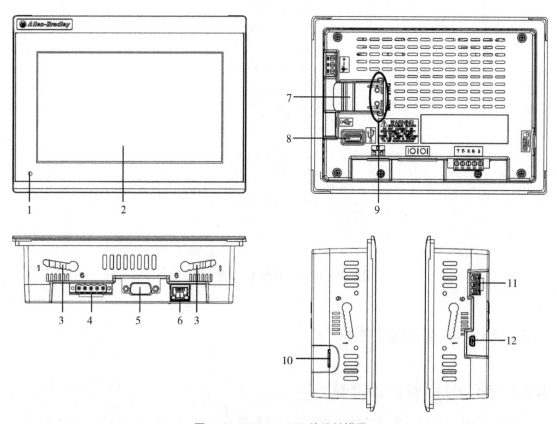

图 1-40   2711R–T7T 终端触摸屏

1.5.2   PanelView 800 终端配置

访问终端需要进行配置，如图 1-41 所示。浏览器接口需要通过以太网连接，将计算机浏览器连接到显示屏的 Web 服务。显示屏的配置数据指所有系统接口参数的集合。

终端界面的主配置画面如图 1-42 所示。在主配置画面上可进行如下设置：转到当前应用程序，选择终端语言，更改日期和时间，重新启动终端。主菜单显示在主配置画面的左侧，可进入 File Manager（文件管理器）画面、Terminal Setting（终端设置）画面和 System Information（系统信息）画面。

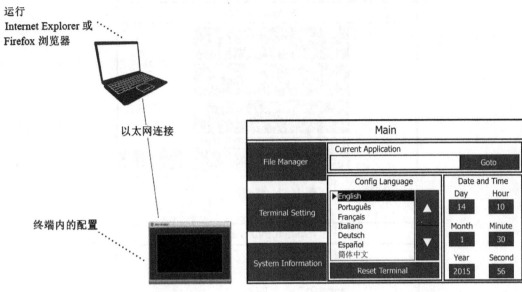

图 1-41 访问显示屏的配置　　　　　　图 1-42 主配置画面

　　在主配置画面上,按下 File Manager(文件管理器)转到 File Manager(文件管理器)画面,如图 1-43 所示。可在 File Manager(文件管理器)设置下执行导出、导入、更改应用程序等操作。

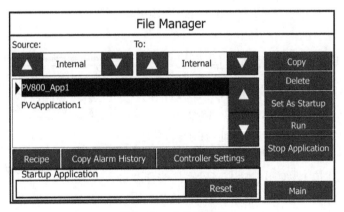

图 1-43 文件管理器

　　注:

(1) Stop Application 按钮仅在固件版本 3.011(或更高)中可用。

(2) Controller Settings(控制器设置)按钮仅在固件版本 4.011(或更高版本)中可用。

　　在主配置画面上,按下 Terminal Setting(终端设置)即可转到 Terminal Setting(终端设置)画面,如图 1-44 所示。在 Terminal Setting 下可执行更改以太网设置、更改端口设置、调整显示亮度等操作。

　　在主配置画面上,按下 System Information(系统信息)转到系统信息画面,如图 1-45 所示,可以在 System Information(系统信息)下执行查看系统信息和更改夏令时和时区的操作。

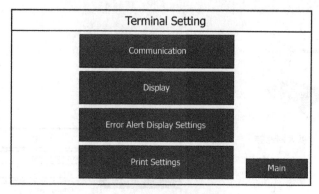

图 1-44　终端设置

System Information	
Firmware Version:	5.011
Boot Code Version:	4.011
Logic Board Version:	4
Terminal On Time:	102,330
Display On Time:	102,330
Battery Status:	Good
Memory Usage (bytes)	
Internal Used:	1,392,640
Internal Free:	164,741,120
Application Used:	31,600,640
Application Free:	193,994,752

图 1-45　系统信息

1.5.3　PanelView 800 以太网通信

触摸屏的基础配置单元具有用于以太网通信的 RJ-45、10/100Base-T 连接器,如图 1-46 所示。

要设置以太网端口的静态 IP 地址,在触摸屏上转到 Terminal Setting(终端设置)画面,按下 Communication(通信),如图 1-47 所示。按下 Disable DHCP,IP Mode 现在将显示文本"静态"。

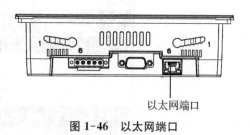

以太网端口

图 1-46　以太网端口

Communication		
Protocol:	*	Disable DHCP
Status:	Unavailable	Set Static IP Address
Device Name:	PV800T7T	
Node Address:	0	VNC Settings
IP Mode:	DHCP	Port Settings
IP Address:	0.0.0.0	
Mask:	0.0.0.0	FTP Settings
Gateway:	0.0.0.0	
MAC Address:	XX:XX:XX:XX:XX	Back

图 1-47　Communication 界面

按下 Set Static IP Address(设置静态 IP 地址),将显示 Static IP Address(静态 IP 地址)画面,如图 1-48 所示。

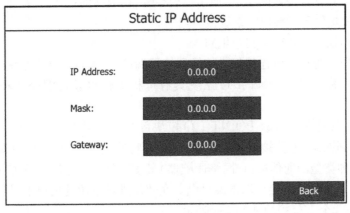

图 1-48　静态 IP 地址

按下 IP Address(IP 地址)旁边的蓝色区域,在 Static IP address(静态 IP 地址)域中输入 IP 地址。使用显示屏键盘输入所需的 IP 地址,然后按下回车键,如图 1-49 所示。

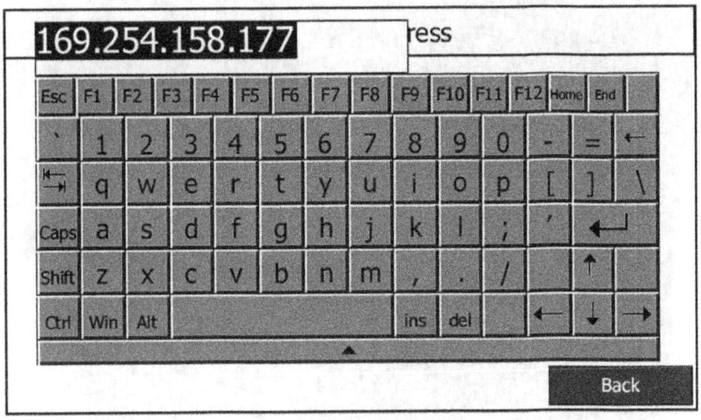

图 1-49　输入 IP 地址

重复以上步骤,完成 Subnet Mask(子网掩码)和 Gateway Address(网关地址)的输入。

1.6　1734 POINT I/O

1.6.1　1734 POINT I/O 概述

1734 POINT I/O 具有适合于灵活及低成本应用场合的模块化 I/O,是成功实现控制系统设计和操作的关键。作为罗克韦尔自动化集成架构的主要成员,1734 POINT I/O 完善的诊断功能和可组态特性使其应用于任何自动化系统,并通过标准化设计降低工程成本。

它可在远程设备面板、本地控制面板中使用,并且可以从多个位置(包括 Internet)对其进行访问。1734 POINT I/O 完全适应用户需求,具有 1 到 8 点的密度,可减小系统成本和尺寸。

1734 POINT I/O 外观如图 1-50 所示,它有 4 个组成功能:

(1) I/O 模块提供现场接口和系统接口电路。

(2) 通信接口模块提供网络接口电路。

(3) 端子座单元为现场侧连接提供接线和信号端接,并为背板提供系统电源。

(4) 电源分配模块使 POINT I/O 系统具有可扩展性以及可混合各种类型信号的灵活性。

POINT I/O 系列下的 1734 POINT I/O 模块每个模块提供 1 至 8 点。该 I/O 模块通过通信接口连接到网络,通信接口包括内置电源,可将输入的 24 V 直流电源转换为 5 V 直流背板电源。每种类型的通信接口(网络适配器)最多支持 13 至 17 个 I/O 模块,最大提供 10 A 电流。I/O 模块从背板上获取电源供电。在使用外部电源的情况下,最多可将 POINT I/O 组件扩展至 63 个 I/O 模块或 504 个通道。

图 1-50　1734 POINT I/O 外观

1.6.2　1734 – AENT 以太网适配器

下面介绍 1734 – AENT 以太网适配器组件、接线方式、指示灯状态、以太网通信和技术参数。

1. 1734 – AENT 以太网适配器组件

1734 – AENT 以太网适配器是 POINT I/O 模块的通信适配器。该适配器提供了一个接口,通过以太网对 POINT I/O 模块进行控制和通信,适配器组件如图 1-51 所示。

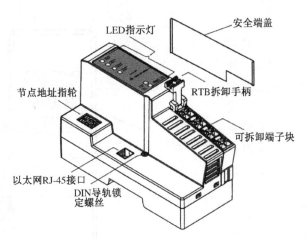

图 1-51 1734-AENT 以太网适配器组件

2. 适配器接线图

以太网适配器接线方式如图 1-52 所示,其中:

(1) NC(No Connection):无需连接;

(2) CHAS GND(Chassis Ground):设备接地;

(3) C(Common):0 V;

(4) V(Supply):12/24 V。

注:直流电源将连接到内部电源总线,用户需要特别注意请勿将 120/240 V 交流电源连接到此设备。

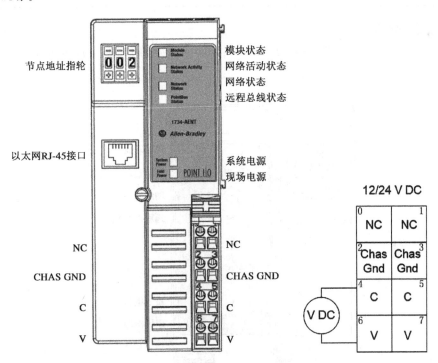

图 1-52 1734-AENT 以太网适配器接线图

3. 以太网通信

用户可以按"＋"或"－"按钮更改数字来设置节点地址,如图1-53所示。适配器首先读取指轮开关数字来确定开关是否设置为有效数字,有效数字的设置范围为001到254。当开关设置为有效数字时,适配器的 IP 地址为192.168.1.×××(其中×××表示指轮开关上设置的数字),适配器的子网掩码为 255.255.255.0,网关地址设置为 0.0.0.0。如果节点地址指轮被设置为无效数字(即 000 或大于 254 的值),则适配器会根据表 1-25 检查用户是否启用了 DHCP。

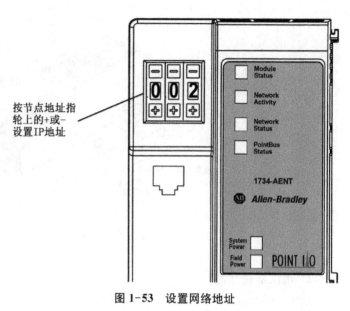

按节点地址指轮上的+或-设置IP地址

图 1-53 设置网络地址

表 1-25 DHCP 状态表

DHCP 状态	适配器
启用	请求从 DHCP 服务器得到一个地址。DHCP 服务器还分配其他传输控制协议(TCP)参数
未启用	使用存储在非易失性存储卡中的 IP 地址(以及其他 TCP 可配置参数)

4. 状态指示灯状态

1734-AENT 以太网适配器上的各指示灯状态含义如图1-54所示,指示灯状态及说明见表1-26。

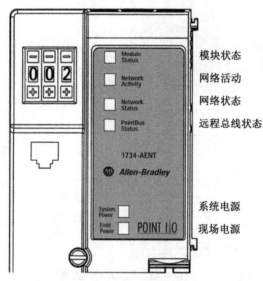

图 1-54 识别各项状态

表 1-26 指示灯状态及说明

指示灯	状态	描述
系统电源	关闭	未激活,现场电源关闭或 DC-DC 转换器有问题
	绿色	系统供电正常或 DC-DC 转换器有效
现场电源	关闭	未激活,现场电源关闭
	绿色	供电正常
模块状态	关闭	模块未供电
	红色绿色闪烁	LED 上电测试(模块自测试)
	绿色	模块正常运行
	红色闪烁	发生可恢复的故障: • 固件更新 • 网络 IP 地址改变 • CPU 超载
	红色	发生不可恢复的故障: • 自检失败 • 固件错误
网络状态	关闭	设备未初始化(该模块没有 IP 地址)
	绿色闪烁	设备有 IP 地址,但没有建立控制和信息协议连接
	绿色	设备联机并具有 IP 地址,并建立控制和信息协议连接
	红色闪烁	一个或多个以太网连接已超时
	红色	模块没有连接到以太网供电设备
	红色绿色闪烁	模块正在执行自测试(仅发生在上电测试)
网络活动	关闭	没有建立连接
	绿色闪烁	发送或接收活动
	绿色	建立连接
远程总线状态	关闭	设备未通电,检查模块状态指示灯
	红色绿色闪烁	LED 上电测试
	红色闪烁	发生可恢复的故障: • 上电时,预期模块的数量不等于实际的模块数量 • 模块缺失 • 节点故障(I/O 连接超时)
	红色	发生不可恢复的故障: • 适配器已关闭 • 适配器未通过重复的物理地址检查
	绿色闪烁	适配器在线但未建立连接: • 尚未配置适配器槽架大小 • 控制器处于程序/空闲模式 • 以太网连接
	绿色	适配器在线并已建立连接(正常运行,运行模式)

5. 技术参数

1734–AENT 以太网适配器技术参数见表 1-27。

表 1-27　1734–AENT 以太网适配器技术参数

标准输入电压	24 V DC
输入电压范围	10～28.8 V DC
现场测电源要求	400 mA/24V DC(+20％=28.8 V DC)
浪涌电流	6 A,持续 10 ms
POINTBus 电流	700 mA(输入电压＜17 V DC)
24 V 时的功耗	4.5 W
最大功率损耗	2.8 W/28.8 V
输入过压保护	反向极性保护
电力中断	如果在最大负载情况下,输入电压在 10 V 时断开 10 ms,输出电压将保持在规定范围内

1.6.3　1734 POINT I/O 模块

1734 POINT I/O 模块如图 1-55 所示,其中,图 1-55(a)为 1734 POINT I/O 模块组件,图 1-55(b)为 1734–IB8 输入模块,图 1-55(c)为 1734–OB8 输出模块,表 1-28 为 1734 POINT I/O 模块组件说明。

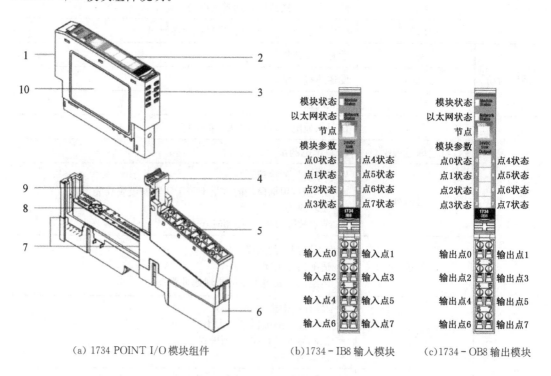

(a) 1734 POINT I/O 模块组件　　(b)1734–IB8 输入模块　　(c)1734–OB8 输出模块

图 1-55　1734 POINT I/O 模块

表 1-28　1734 POINT I/O 模块组件

序号	描述	序号	描述
1	模块锁定机构	6	底座
2	滑入式可写标签	7	联锁件
3	可插入的 I/O 模块	8	机械锁
4	可拆卸接线端子手柄	9	DIN 导轨锁定螺钉
5	可拆卸接线端子	10	模块接线图

以 1734 POINT I/O 模块中的 1734-IB8 输入模块、1734-OB8 输出模块为例介绍接线方式、指示灯状态、技术参数和安装方法。

1. 接线方式

1734 POINT I/O 模块接线图如图 1-56 所示。V 接 12 V 或者 24 V 直流电源,C 接 0 V,可由 1734-AENT 适配器或者用户外部提供的辅助终端供电。1734-IB8 模块的接线,线路 0 对应 1734-IB8 模块的 0 号输入点,线路 1 对应 1734-IB8 模块的 1 号输入点,依次类推。同样,1734-OB8 模块的接线,线路 0 对应 1734-OB8 模块的 0 号输出点,线路 1 对应 1734-OB8 模块的 1 号输出点。需要注意的是:在端接点连接电线时,任何一个端接点上连接不超过 2 根导线,同时需要确保 2 根电线的规格和类型相同。

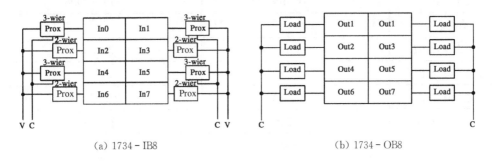

(a) 1734-IB8　　　　　　　　(b) 1734-OB8

图 1-56　1734 POINT I/O 模块接线图

2. 指示灯状态

1734 POINT I/O 模块指示灯状态见表 1-29。

表 1-29　1734 POINT I/O 模块指示灯状态

指示灯	状态	描述
模块状态	关闭	模块未供电
	绿色	正常运行
	绿色闪烁	配置错误,需要调试
	红色闪烁	存在可恢复的故障
	红色	故障不可恢复,需要更换模块
	红色/绿色闪烁	处于自检状态

（续表）

指示灯	状态	描述
网络状态	关闭	设备离线 ——模块未完成 dup_MAC-id 测试 ——模块未通电
	绿色闪烁	模块在线,但在已建立状态下没有连接
	绿色	模块处于联机状态,并已建立连接
	红色闪烁	一个或多个 I/O 连接处于超时状态
	红色	模块检测到错误,阻止其网络通信
	红色/绿色闪烁	模块检测到网络访问错误并处于通信故障状态
I/O 状态	关闭	输入处于关闭状态
	黄色	输入处于开启状态

3. 技术参数

1734 POINT I/O 模块的技术参数见表 1-30。

表 1-30 1734 POINT I/O 模块技术参数表

技术参数	1734 - IB8	1734 - OB8
输出数	8	8
标称通态输出电压	24 V DC	24 V DC
最小通态输出电压	10 V DC	10 V DC
最大通态输出电压	28.8 V DC	28.8 V DC
POINTBus 电流	最大 75 mA	最大 75 mA
最大功率损耗	1.6 W/28.8 V DC	2.0 W/28.8 V DC
端子底座单元	1734 - TB、1734 - TBS、 1734 - TOP 或 1734 - TOPS	1734 - TB、1734 - TBS、1734 - TOP 或 1734 - TOPS

4. 安装方法

下面介绍 1734 POINT I/O 模块的机械锁安装方法,包括底座安装、I/O 模块安装和可拆卸接线端子安装。

1）底座安装

底座安装分为以下几个步骤,安装完成后如图 1-57 所示。

（1）首先将被安装设备右侧的安全端盖向上滑卸掉。

（2）将底座垂直放置在已安装的模块或适配器右侧上方。

（3）向下滑动安装底座,使互锁侧面部件与相邻的模块或适配器啮合。

（4）用力按压,将底座固定在 DIN 导轨上(保证底座卡入到位)。

（5）用螺丝刀旋转 DIN 导轨锁定机构,将底座锁定在 DIN 导轨上。

（6）将之前卸掉的安全端盖重新安装到底座右侧。

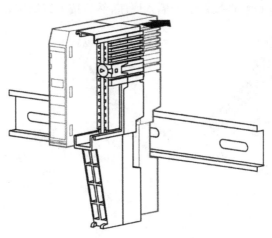

图 1-57 底座安装完成

2) I/O 模块安装

（1）机械锁安装图如图 1-58(a)所示，用螺丝刀旋转底座上的机械锁，直到 I/O 模块插口处的凸口与底座上的凹口对齐。

（2）底座锁定螺钉位置图如图 1-58(b)所示，要确保底座锁定螺钉处于水平位置，如果锁定机构未锁定，则无法插入 I/O 模块。

（3）模块与底座锁位置图如图 1-58(c)所示，将模块垂直向下插入底座，然后按下以固定，将模块锁定到位。

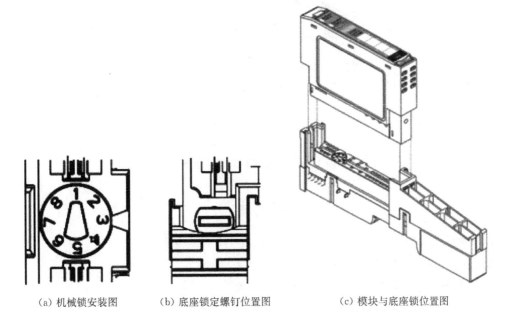

（a）机械锁安装图　　（b）底座锁定螺钉位置图　　　（c）模块与底座锁位置图

图 1-58 I/O 模块安装

3) 可拆卸接线端子安装

（1）如图 1-59(a)所示，使可拆卸接线端子凸出的一侧与底座以一定角度对齐。

（2）如图 1-59(b)所示，将接线端子插入底座，然后按下以固定，将接线端子锁定到位。

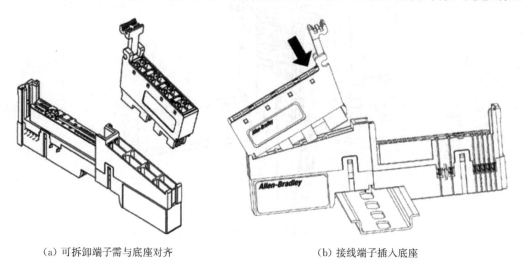

（a）可拆卸端子需与底座对齐　　　　　　　　　　（b）接线端子插入底座

图 1-59　安装可拆卸接线端子

（3）如图 1-60 所示，安装 I/O 模块后，将可拆卸接线端子手柄卡入模块上的适当位置。

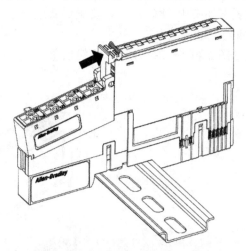

图 1-60　安装可拆卸端子手柄

思 考 题

1. 1769-L36ERM 控制器设置与更改 IP 地址有哪些方式？
2. 概述本章介绍的几种硬件设备的基本功能。
3. 如何将本章介绍的几种硬件设备接入以太网？

第二章 罗克韦尔软件设备

> **本章要点**
> - 建立 EtherNet/IP 通信驱动
> - Studio 5000 Logix Designer 应用程序的编程操作
> - CCW 编程软件的基本操作方法
> - 罗克韦尔固件更新

2.1 RSLinx 通信软件

RSLinx 软件是工业通信的枢纽,通过 RSLinx 软件,用户可以通过一个窗口查看所有激活的网络,也可以通过一个或多个通信接口同时运行任何该软件所支持的应用程序的组合。RSLinx 提供最快速的 OPC(OLE for Process Control,对象链接与嵌入)、DDE(动态数据交换)和 Custom C/C++的接口。RSLinx 还能够为用户提供多个网络、本地工作站和 DDE/OPC 性能诊断工具,便于进行系统维护和故障排错。RSLinx Classic Gateway 驱动程序能够完美地支持 TCP/IP 客户与罗克韦尔控制器的连接,它也支持与远程 OPC 进行通信。

RSLinx 存在多个版本,本节以 RSLinx Classic 版本为例讲解 EtherNet/IP 通信驱动的建立。首先双击 图标,启动 RSLinx Classic 软件,如图 2-1 所示。

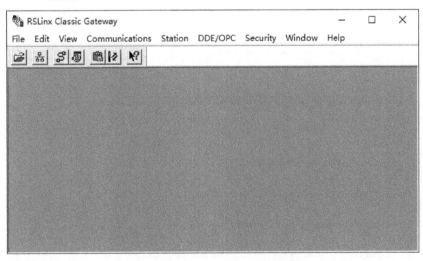

图 2-1 RSLinx Classic 软件启动界面

单击菜单栏"Communications"（通信），然后选择"Configure Drivers"（配置驱动程序），如图2-2所示。

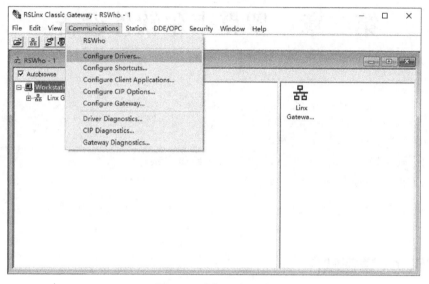

图2-2　选择组态驱动

弹出"Configure Drivers"（配置驱动程序）对话框。单击"Available Driver Types"（可用驱动程序类型）的下拉菜单，选择"EtherNet/IP Driver"（EtherNet/IP 驱动程序），如图2-3所示。这些驱动是罗克韦尔自动化产品在各种网络上的通信卡的驱动程序，这些通信卡的驱动程序保证了用户对网络的灵活选择和使用。可以根据设备的实际情况来适当选择添加驱动程序，注意选择的程序要和使用的硬件类型相匹配。单击"Add New"（新添）按钮，弹出如图2-4所示的窗口。输入驱动程序的名称"AB_ETHIP-1"（一般是系统默认），单击"OK"（确定）后出现如图2-5所示的"Configure driver"（配置驱动程序）对话框，选择"Browse Local Subnet"（浏览本地子网），单击"确定"即可。

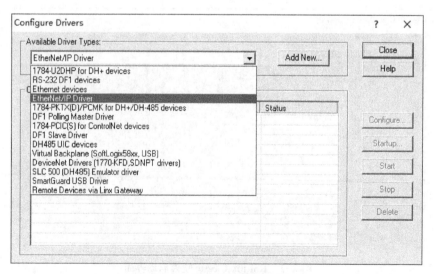

图2-3　选择所需驱动程序

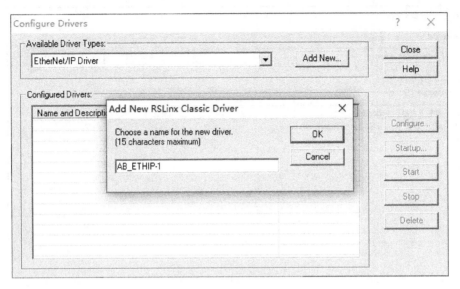

图 2-4　输入驱动名称

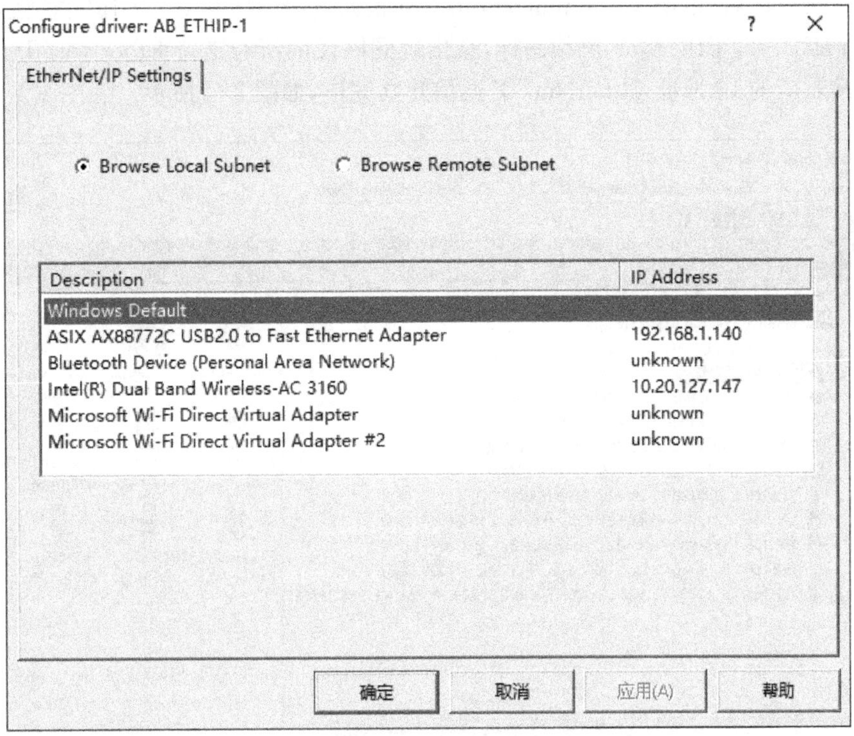

图 2-5　选择网卡

此时回到驱动程序配置界面,可看到通信驱动处于运行状态,如图 2-6 所示。单击"Close",退出"Configure Drivers"(组态驱动程序)对话框。

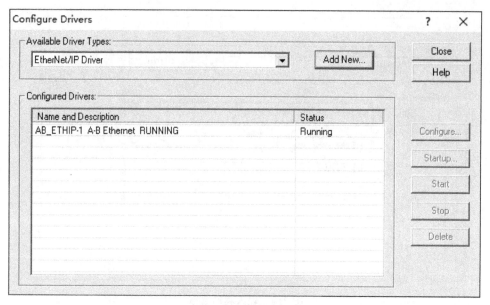

图 2-6　驱动已运行

回到初始界面后,单击"Communications"(通信),选择"RSWho",工作区左侧列表中多了"AB_ETHIP-1, EtherNet"网络图标,会出现同网段的所有支持 EtherNet/IP 通信协议的设备和其对应的 IP 地址,EtherNet/IP 通信建立完毕,如图 2-7 所示。

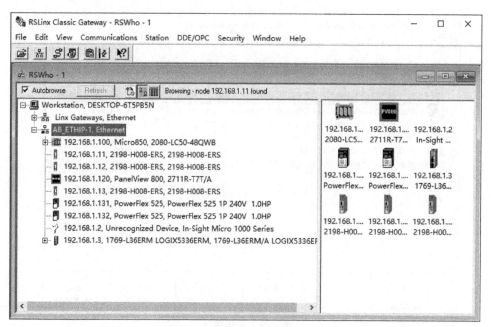

图 2-7　建立的 EtherNet/IP 网络

用户在后续组态时通过点击鼠标右键选择某个设备,点击"Module Configuration"(模块配置)选项,可查看和修改设备的基本参数,如图 2-8 所示。

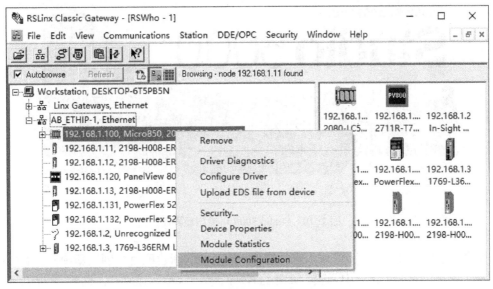

图 2-8　查看设备信息和状态

2.2　Studio 5000 环境

　　Studio 5000 环境是罗克韦尔自动化工程设计工具和功能的基础。Studio 5000 环境中的第一个元件是 Logix Designer 应用程序。Logix Designer 应用程序是 RSLogix 5000 软件的更新换代，将继续作为 Logix 5000 控制器的编程产品，可用于离散控制、过程控制、批次控制、运动控制、安全和基于驱动器的控制等。Logix Designer 应用程序支持梯形图、功能块、顺序功能图和结构文本等编程语言。这里以梯形图编程语言为例介绍基本的编程操作。

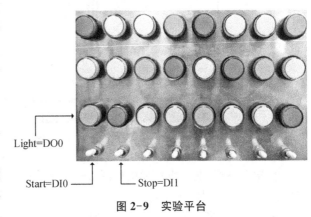

Light=DO0

Start=DI0　　　　Stop=DI1

图 2-9　实验平台

　　实验平台中有一组按钮和指示灯，如图 2-9 所示。令其中两个按钮和一个指示灯的 I/O 映射关系为 Start＝DI0、Stop＝DI1、Light＝DO0。在主例程中编写简单的控制指示灯亮/灭的梯形图程序。

2.2.1　创建新项目

　　双击 ![Studio 5000] 图标，启动 Studio 5000 环境，如图 2-10 所示。

图 2-10　Studio 5000 环境启动界面

在菜单中"Create"（创建）区域下选择"New Project"（新建项目），创建新项目。在"New Project"（新建项目）对话框中，选择所需的控制器型号，输入文件名，选择存储位置，如图 2-11所示。

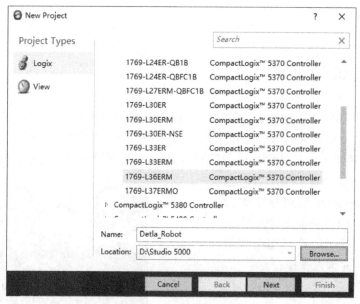

图 2-11　新项目窗口

单击"Next"（下一步），弹出如图 2-12 所示的对话框，在"Revision"（版本）下拉菜单中选择版本号，单击"Finish"（完成）。

此时，完成新项目的创建，会出现如图 2-13 所示的 Logix Designer 应用程序显示界面。窗口左侧显示的是控制器项目管理器，控制器项目管理器以图形方式表示控制器文件的目录。此显示界面由文件夹和文件的树组成，其中，包含有关控制器文件中程序和数据的所有信息。此树中的默认主文件夹包括：（1）Controller Delta_Robot（控制器文件夹）；（2）Tasks（任务文件夹）；（3）Motion Groups（运动组文件夹）；（4）Data Types（数据类型文件夹）；（5）I/O Configuration（I/O 组态文件夹）。

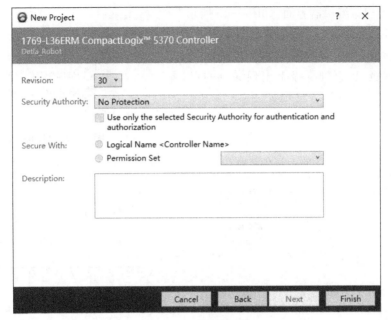

图 2-12　选择版本号

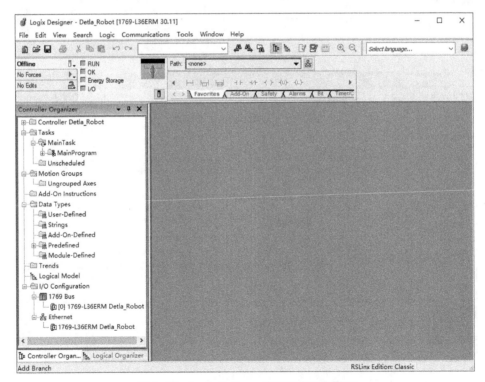

图 2-13　Logix Designer 应用程序显示界面

2.2.2　创建梯形图例程

在控制器项目管理器中,单击展开"Tasks"文件夹,如图 2-14 所示。双击"MainRoutine"

（主例程），进入程序编辑器界面，如图 2-15 所示。

如图 2-16 所示，在指令工具栏中，选中 XIC 指令（检查是否闭合指令），左键单击并按住，将其拖曳到第 0 梯级上，直到梯级上出现绿色的点，释放左键，指令块创建完成，出现如图 2-17 所示的画面。

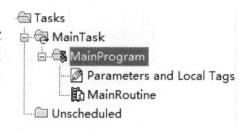

图 2-14　"Tasks"文件夹

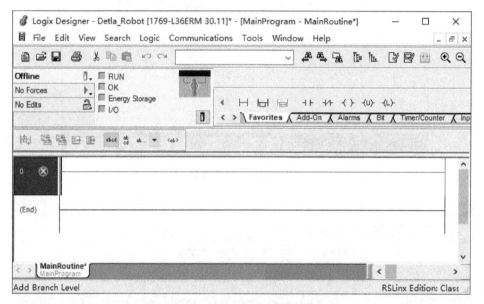

图 2-15　MainRoutine 编辑器

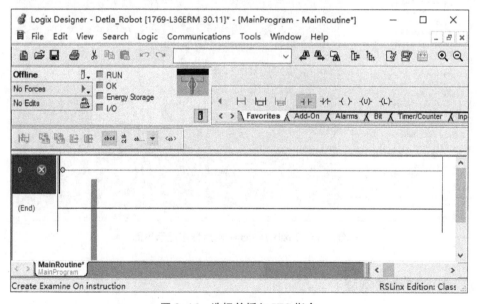

图 2-16　选择并插入 XIC 指令

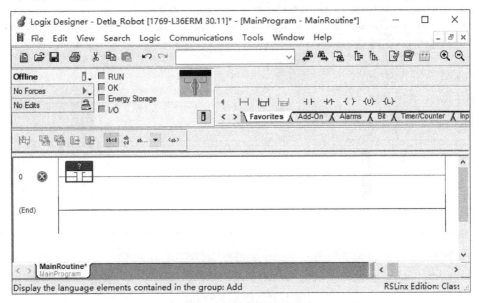

图 2-17　XIC 指令插入完成

使用同样的方法在指令工具栏中选中 XIO 指令(检查是否断开指令)、OTE 指令(输出激活指令)拖曳到第 0 梯级中去,如图 2-18 所示。

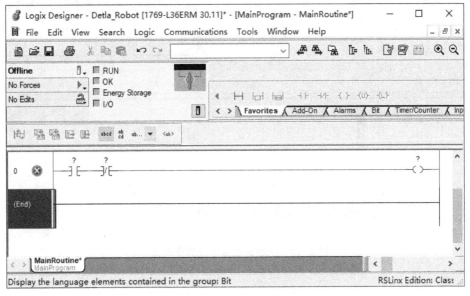

图 2-18　添加梯级指令

现在为第 0 梯级添加一个分支结构。如图 2-19 所示,单击第 0 梯级中的 XIC 指令,在指令工具栏中选中 Branch 指令(分支指令),按住并拖曳分支的"蓝色区域",将分支引脚拖曳到 XIC 指令块的左侧。最后将分支放置到绿色点上,释放左键,分支结构添加完成,如图 2-20、图 2-21 所示。

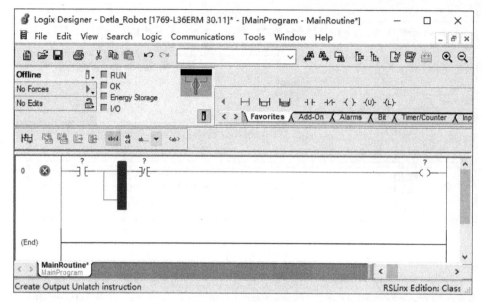

图 2-19　插入分支结构

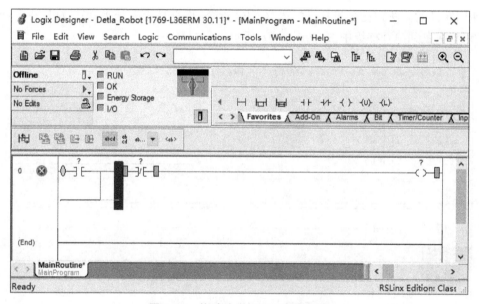

图 2-20　拖动分支标示至目标位置

图 2-21　在梯级中添加分支

再从指令工具栏上选中 XIC 指令,左键单击按住拖曳到新添加的分支结构上,如图 2-22 所示。此时,第 0 梯级的梯形图例程创建完成。

图 2-22 梯形图例程创建完成

2.2.3 创建标签

创建标签即为数据创建存储区。在 Logix 控制器中,数据分为中间变量数据和 I/O 数据。本节主要讲述中间变量数据。I/O 数据标签的创建将在下节中讲述。创建的标签名称会保存在 PLC 中,不会因为更换用于编程的上位机而丢失,这为后续的编程、文档管理和系统维护带来了极大的便利。

在图 2-22 中,每个指令块上面都出现"?"符号,这就需要为每个指令块创建标签(由字母、数字以及下划线组成的名称)。本例程一共要创建三个标签,分别为"Start""Stop"和"Light"。使用"Start"来驱动"Light"的线圈进而形成自锁,"Light"的线圈一经触发,便会一直工作。

首先创建标签"Start"。鼠标右键单击首个 XIC 指令的"?",选择"New Tag"(新建标签),如图 2-23 所示。

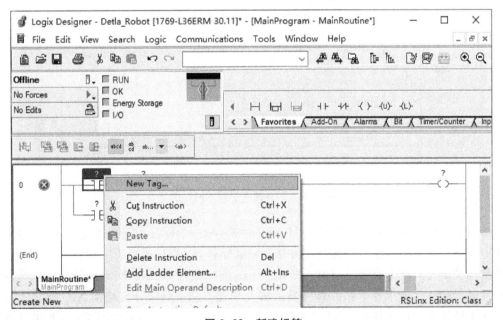

图 2-23 新建标签

在弹出的如图 2-24 所示的标签编辑对话框中,有"Name"(标签名称)、"Type"(标签类型)、"Alias For"(映射地址)、"Date Type"(数据类型)和"style"(显示类型)等信息。在对话框中输入标签名称、数据类型、标签类型及显示类型,单击"Creat"(创建),完成"Start"标签的创建,接着依次完成"Stop"和"Light"标签的创建,如图 2-25 所示。

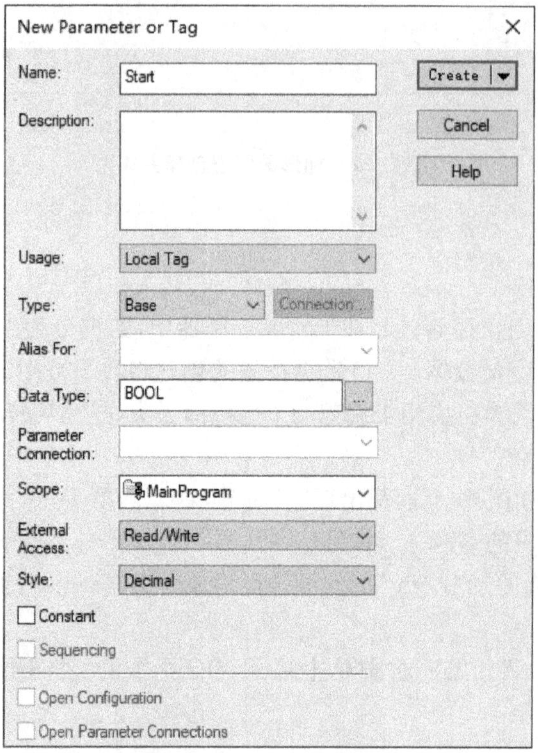

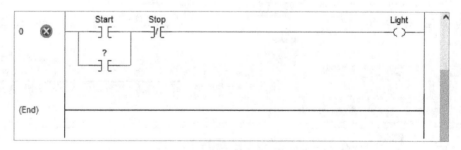

图 2-24　输入标签参数

图 2-25　创建标签后的梯级程序

给分支结构上的 XIC 指令块创建"Light"标签,同一个标签不需要重复创建,在这里介绍两种方法。第一种标签的重复创建方法:将鼠标移到 OTE 指令上的标签"Light"上,并按住鼠标左键将其拖曳到分支结构 XIC 指令上方的标签处(直到出现绿色的点),然后释放鼠标左键,如图 2-26 所示。第二种标签的重复创建方法:双击分支结构 XIC 指令上方的"?",在下拉标签选项中找到"Light"并双击,如图 2-27 所示。两种方法都可以调用已创建的标签。

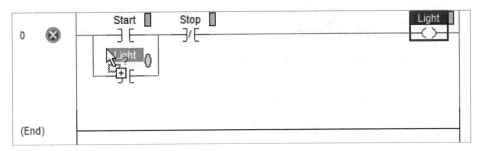

图 2-26　选中将要使用的源标签拖曳至目标位置

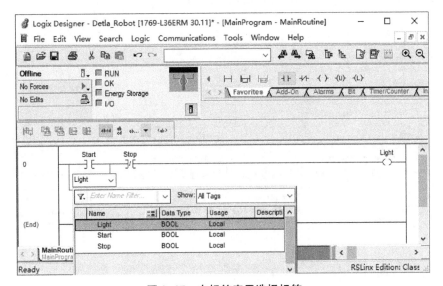

图 2-27　在标签库里选择标签

标签创建完成的梯形图程序如图 2-28 所示。

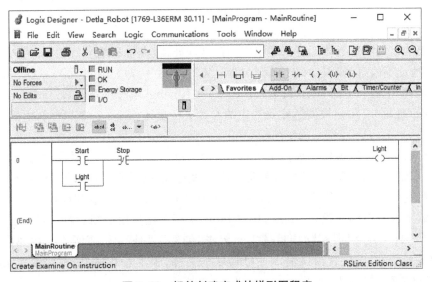

图 2-28　标签创建完成的梯形图程序

2.2.4　I/O 组态及别名标签创建

要与 I/O 模块通信,就必须组态 I/O 模块,并利用别名标签建立标签名称间的映射关系。

首先进行 I/O 模块的组态,将输入模块和输出模块添加到 I/O Configuration 文件夹中。鼠标左键单击展开 I/O Configuration 文件夹,将 1734 - AENT(POINT I/O 以太网适配器)以及 I/O 模块组态到 EtherNet 下面。

鼠标右键单击"EtherNet",选择"New Module"(新建模块),在弹出的"选择 Module 类型"对话框中选择"1734 - AENT",单击"创建",如图 2-29 所示。

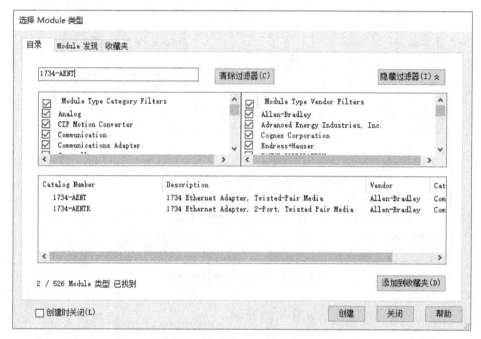

图 2-29　选择以太网适配器

在弹出的以太网适配器配置选项卡中,有 IP 地址、版本号和槽号等信息,输入适配器的名称和 IP 地址等信息,如图 2-30 所示。单击"Change"(更改),在"Module Definition"(模块定义)对话框中输入 Revision(版本)、Electronic Keying(电子匹配)、Connection(连接)和 Chassis Size(插槽)。用户根据适配器对应的参数进行更改,如图 2-31 所示,更改后持续确认即可。

下面将数字量 I/O 模块和模拟量 I/O 模块组态到 EtherNet 中,要注意的是,在软件中组态 I/O 模块时,模块型号和槽号应与实际挂在适配器右边的 I/O 模块的型号与顺序相匹配。鼠标右键单击"PointIO 7 Slot Chassis",选择"New Module"(新建模块)。

添加数字量 I/O 输入模块"Input_01""Input_02"。在弹出的"选择 Module 类型"对话框中选择 1734 - IB8(根据实际项目选定),单击"创建",如图 2-32 所示。在弹出的"New Module"(新建模块)的配置窗口输入 I/O 模块的名称、版本号和槽号,其他设置选择缺省,点击"OK"(确定),如图 2-33 所示。

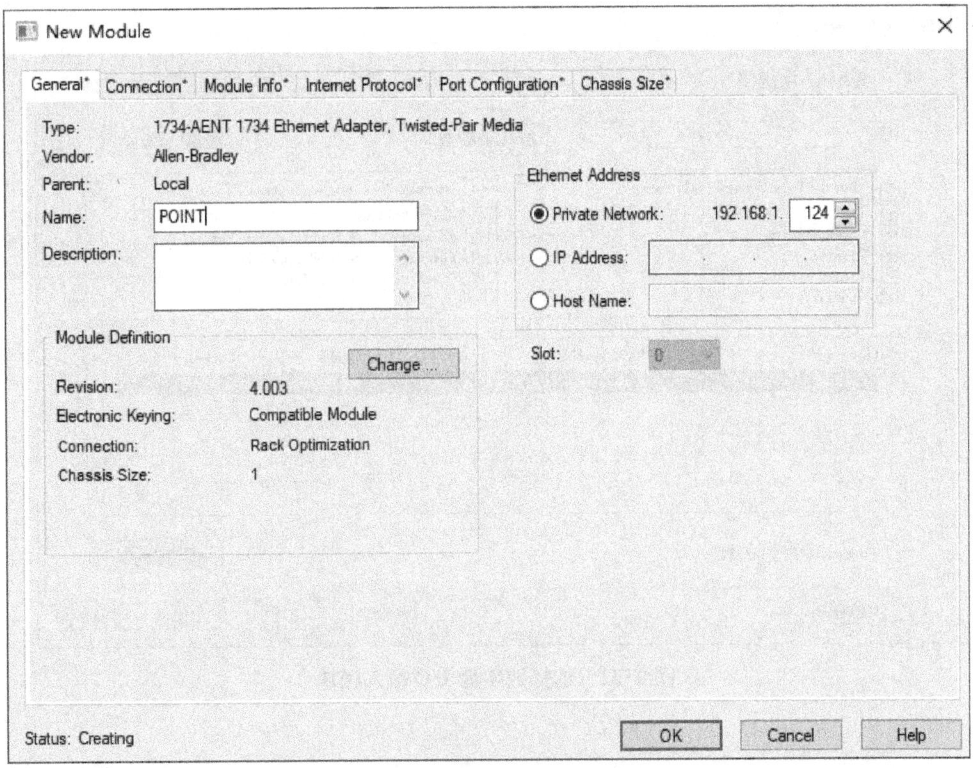

图 2-30　以太网适配器配置选项卡

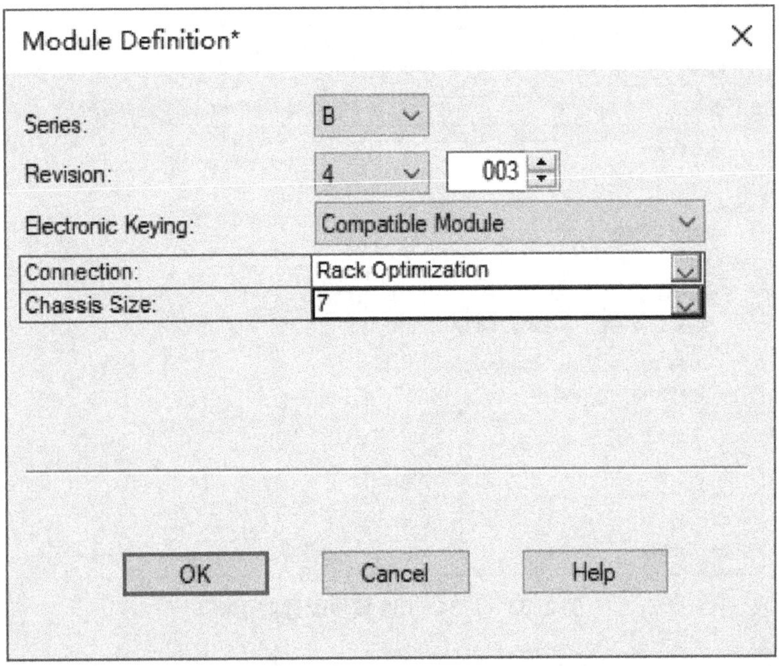

图 2-31　"模块定义"对话框

图 2-32 选择数字量 I/O 输入模块

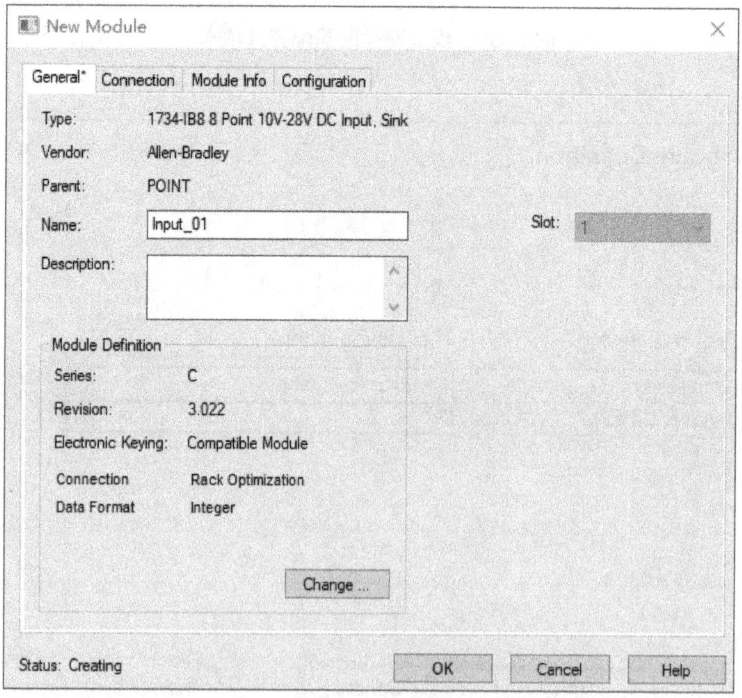

图 2-33 1734-IB8 模块配置对话框

添加数字量 I/O 输出模块"Output_01""Output_02"。鼠标右键单击"PointIO 7 Slot Chassis"选择"New Module",选择 1734-OB8 并配置,如图 2-34、图 2-35 所示。

图 2-34 选择数字量 I/O 输出模块

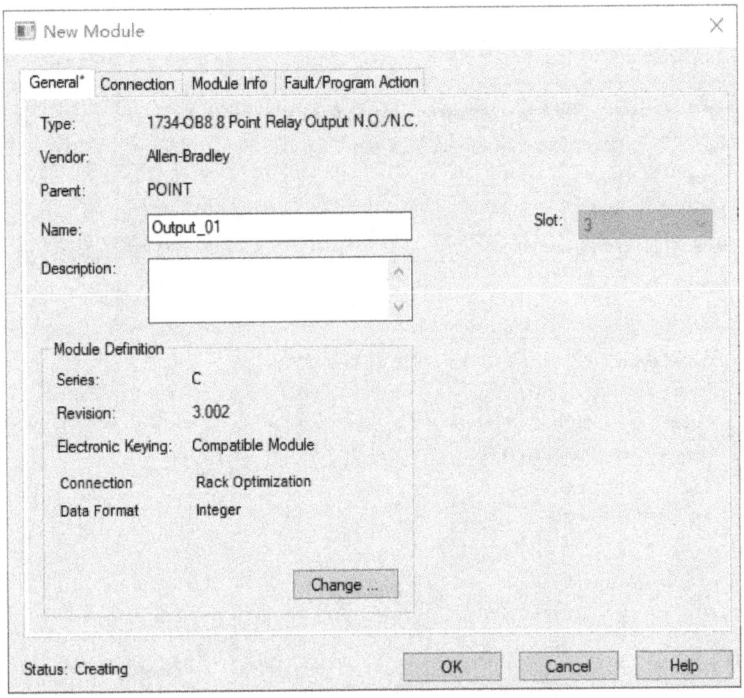

图 2-35 1734-OB8 模块属性对话框

添加模拟量 I/O 输入模块"Analog_Input_01"。鼠标右键单击"PointIO 7 Slot Chassis"选择"New Module",选择 1734-IE2C,并进行配置,如图 2-36、图 2-37 所示。

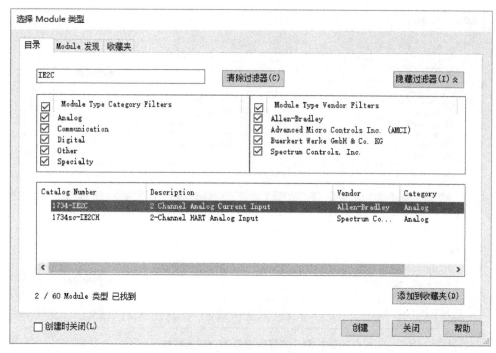

图 2-36　选择模拟量 I/O 输入模块

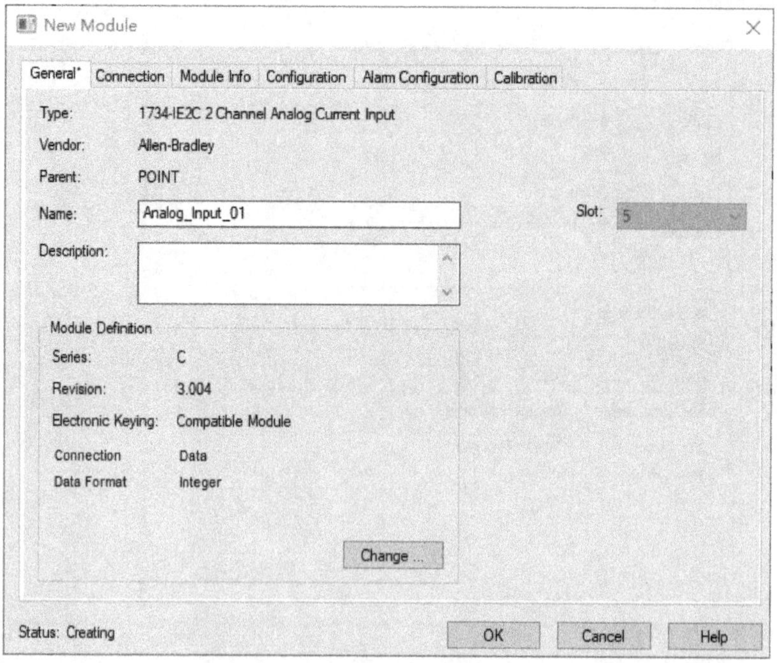

图 2-37　1734 - IE2C 模块属性对话框

　　添加模拟量 I/O 输出模块"Analog_Output_01"。鼠标右键单击"PointIO 7 Slot Chassis"选择"New Module",选择 1734 - OE2C 并配置,如图 2-38、图 2-39 所示。

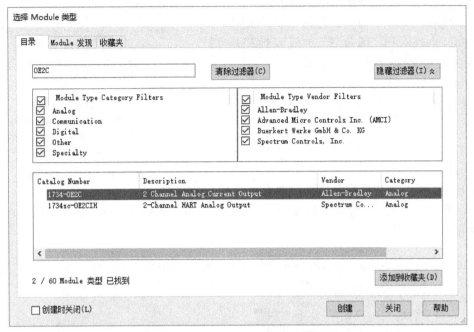

图 2-38　选择模拟量 I/O 输出模块

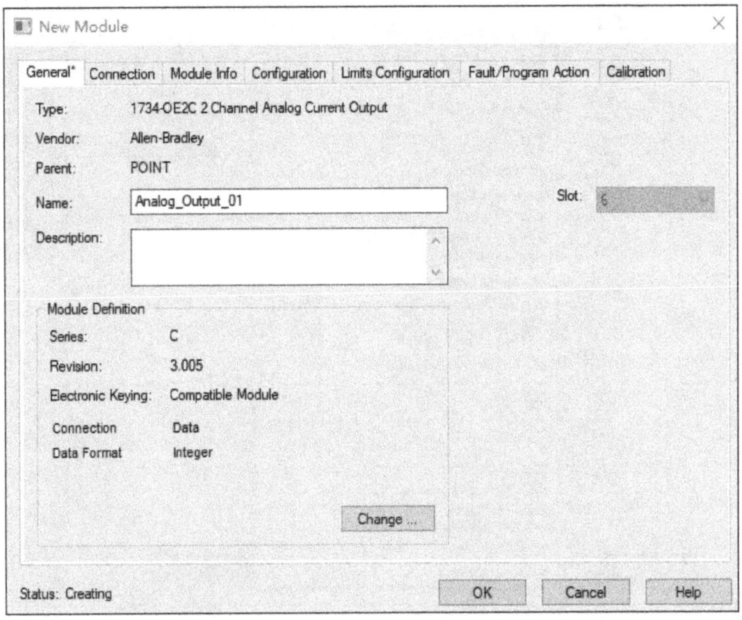

图 2-39　1734-OE2C 模块属性对话框

　　至此,I/O 组态完成,如图 2-40 所示。

　　接下来,利用别名标签建立标签名称间的映射关系。别名标签功能是 Logix 控制器系统独有的功能,该功能使控制器独立于硬件 I/O 地址的分配。别名标签允许用户创建代表另一个标签的标签,两个标签共享相同的值,当一个标签值改变时,另一个标签也反映该变动。

别名的标签名称应当遵循以下格式：

Location：Slot Number：Type. MemberName. SubMemberName. Bit，即位置（本地或远程）：槽号：类型. 成员名称. 子成员名称. 位。

例如：

Local：2：I. Data. 0——本地：2 号槽：输入. 数据. 第 0 位

Point：4：O. Data. 1——远程：4 号槽：输出. 数据. 第 1 位

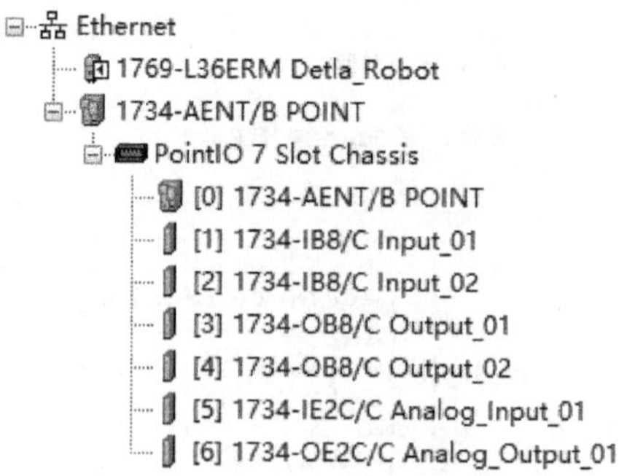

给已建好的标签建立别名有两种方法。

第一种方法：鼠标右键单击标签"Start"，点击"Edit 'Start' Properties"（编辑"Start"属性），如图 2-41 所示。

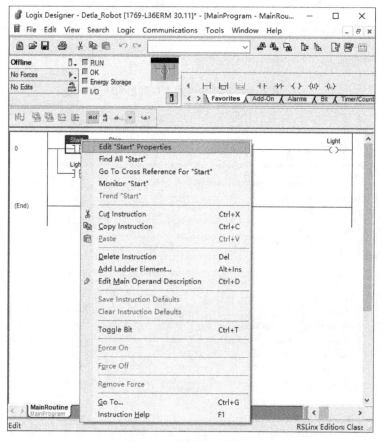

图 2-40　I/O 组态完成

图 2-41　编辑"Start"属性

在弹出的"Start"标签属性窗口，进行别名的创建。在"Type"的下拉框处选择"Alias"（别名）类型标签，然后在"Alias For"的下拉框中选择实际的 I/O 点。将"Start"的 I/O 点指定为插槽 1 中 1734 - IB8 的输入点 0，单击 POINT:1:I 的下拉框，选择 0 号位置，如图 2-42 所示。

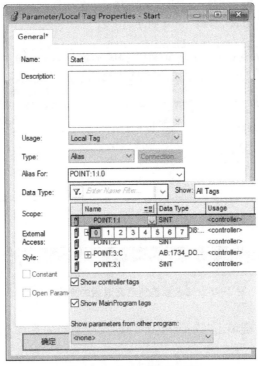

图 2-42 "Start"别名创建

采用同样的步骤,将"Stop"和"Light"标签的别名指定为 POINT:1:I.1 和 POINT:3:O,如图 2-43、图 2-44 所示。

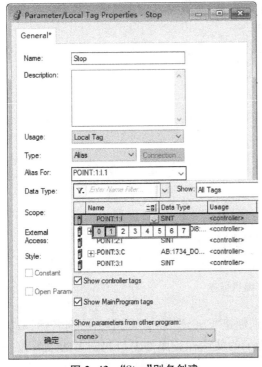

图 2-43 "Stop"别名创建

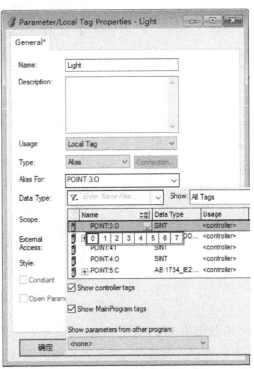

图 2-44 "Light"别名创建

至此,别名标签创建完成,如图 2-45 所示。

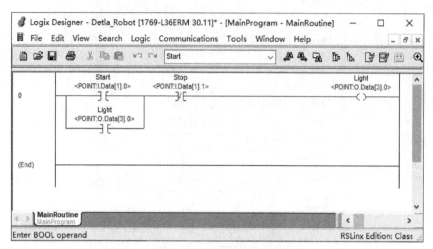

图 2-45　别名标签创建完成后的梯形图程序

第二种方法:鼠标右键单击"Controller Tags"(控制器标签),点击"Edit Tags"(编辑标签),如图 2-46 所示。

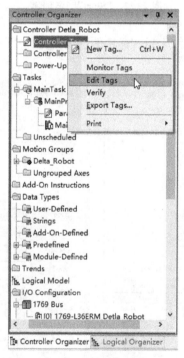

图 2-46　选择编辑标签

单击"Alias For"下拉框,方法同方法一,分别创建"Start""Stop"和"Light"别名标签,如图 2-47 所示。创建完成的效果和如图 2-45 所示的使用标签属性窗口起别名的效果是一样的。

Name	⊟ △	Usage	Alias For	Base Tag	Data Type	Description
Start		Local	POINT:1:I.0(C)	POINT:I.Data[1].0(C)	BOOL	
Stop		Local	POINT:1:I.1(C)	POINT:I.Data[1].1(C)	BOOL	
Light		Local	POINT:3:O.0(C)	POINT:O.Data[3].0(C)	BOOL	

图 2-47　别名标签设置

2.2.5　测试程序

梯形图程序编写完成后,梯级左侧的红色叉就会消失。单击工具条上 ☑ 校验主例程,若出现错误提示,纠正错误。完成 Logix Designer 应用程序后,单击"File"(文件),点击"Save"(保存)。接下来将程序下载到控制器中运行,并确保 RSLink Classic 软件添加 EtherNet/IP 通信驱动。单击菜单"Communications"(通信),选择"Who Active",如图 2-48 所示。

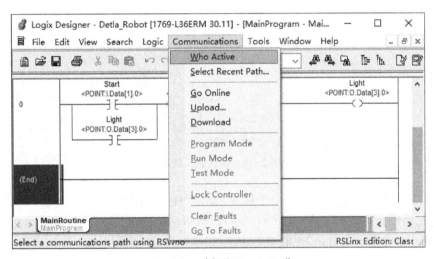

图 2-48　选择"Who Active"

之后会弹出如图 2-49 所示的对话框。选中 1769-L36ERM 控制器,然后单击"Go Online"进入联机状态。单击"Download"(下载),即可将程序下载到控制器中,如图 2-50 所示。

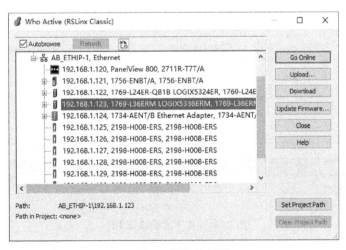

图 2-49　浏览控制器

63

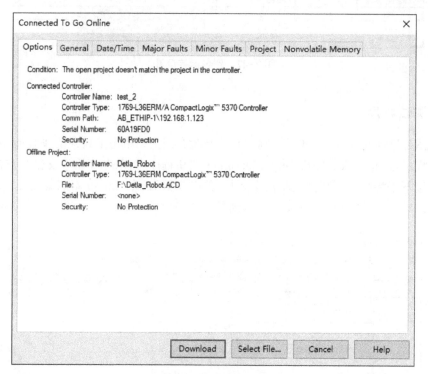

图2-50 进入联机状态

下面在试验平台上进行测试。由于标签"Stop"对应常闭开关，并且其常闭状态被设置为1，因此先将停止按钮DI1拨下，"Stop"置1。拨下启动按钮DI0，"Start"置1，指令的两侧会出现绿色电源卡轨。"Light"通电变为绿色，指示灯亮，如图2-51、图2-52所示。

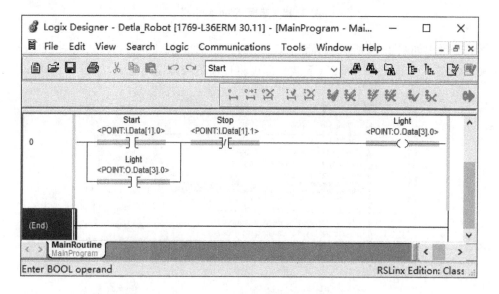

图2-51 拨下启动按钮DI0

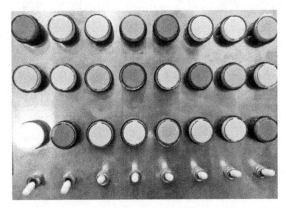

图 2-52 拨下启动按钮 DI0,指示灯亮

启动按钮 DI0 复位,"Start"置 0,"Light"仍然为绿色,指示灯依旧亮,形成自锁,如图 2-53、图 2-54 所示。

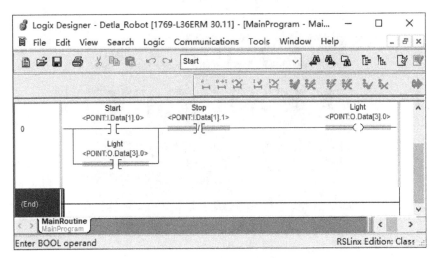

图 2-53 启动按钮 DI0 复位

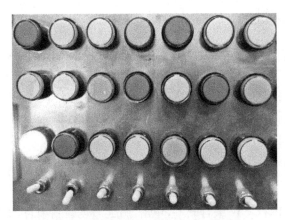

图 2-54 启动按钮 DI0 复位,指示灯仍亮

停止按钮 DI1 复位,"Stop"置 0,程序停止运行,指示灯灭,如图 2-55、图 2-56 所示。

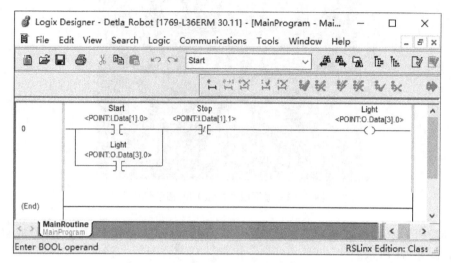

图 2-55 停止按钮 DI1 复位

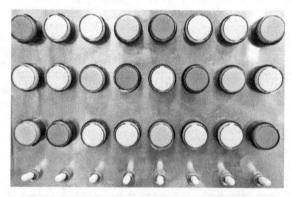

图 2-56 停止按钮 DI1 复位,指示灯灭

2.3 CCW 编程软件

一体化编程组态软件(Connected Components Workbench, CCW)是 Micro800 系列控制器的程序开发软件。该软件支持多种罗克韦尔设备,不仅可以组态 Micro800 系列控制器,还可以组态触摸屏和变频器等。CCW 支持使用结构化文本、梯形图以及功能块进行编程。现以梯形图语言下的 HSC(高速计数)功能块为例进行编程讲解,该功能块在 Delta 并联机器人的分拣程序中也得到了应用。

2.3.1 创建新项目

双击图标 ,启动 CCW 编程软件,单击"新建",创建新项目,如图 2-57 所示。

图 2-57 新建项目

如图 2-58 所示，在弹出的"添加设备"窗口中选择所需要的控制器型号（可在 RSLinx 软件中查看），这里选择型号为 2080 - LC50 - 48QWB 的 Micro850 控制器，并选择版本号，确认描述信息无误后，单击"添加到项目"。

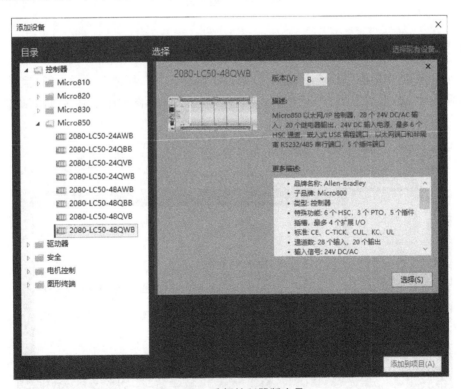

图 2-58 选择控制器版本号

设备添加后,可在项目管理器中看到该设备以及相关信息,如图 2-59 所示。

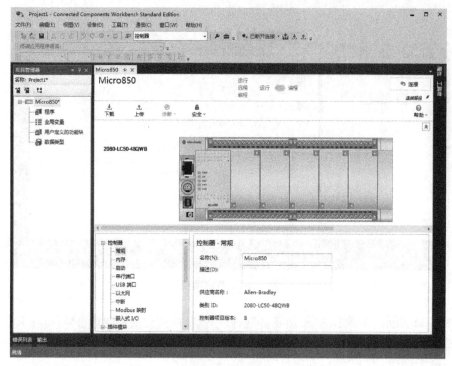

图 2-59　设备信息

2.3.2　创建梯形图例程

在如图 2-60 所示的"程序"中,鼠标右键单击选择"添加",新建 LD(梯形图)程序。项目新建后默认"Prog1",双击图 2-61 中"Prog1"便可以进入梯形图程序编写界面,如图 2-62 所

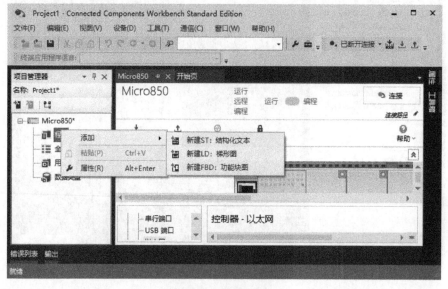

图 2-60　新建梯形图

示。图 2-62 左侧 Micro850 目录下有 4 个子项目：程序、全局变量、用户定义的功能块和数据类型，这些是基础的程序设计文件。右侧是梯形图编程的工具箱，包含了编写梯形图程序所需的各种元件。CCW 与 Studio 5000 Logix Designer 应用程序的编程界面基本相似，但也有不同，例如：CCW 梯级是从 1 开始；功能块的添加被放到了右侧；除了常用功能以外，其余的功能块全部集成于"指令块"中。

从右侧工具箱中选中"指令块"拖曳至左侧黑色实线处松手，然后弹出指令块选择器窗口，如图 2-63、图 2-64 所示。

图 2-61　Micro850 子项目

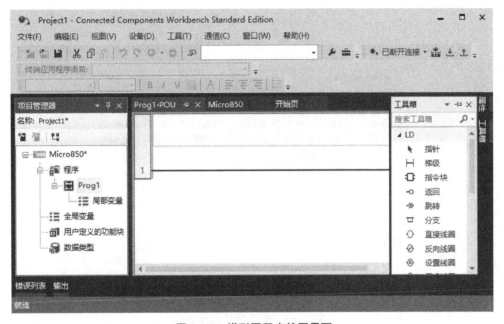

图 2-62　梯形图程序编写界面

图 2-63　功能模块示意图

如图 2-65 所示，在指令块选择器窗口的搜索栏输入"HSC"（高速计数器），双击第一个模块或点击"确定"添加指令块。

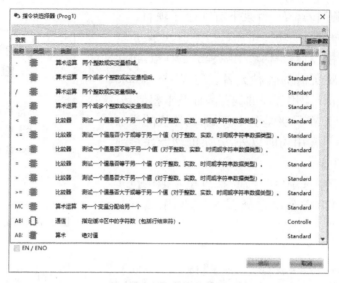

图 2-64　指令块选择器

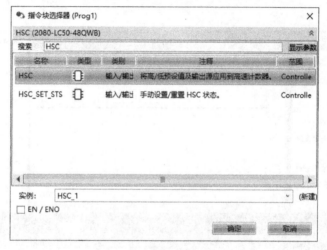

图 2-65　选择 HSC 指令块

HSC 指令块添加完成之后的界面见图 2-66，如果添加错误，可以双击图中灰色部分来重新选择。

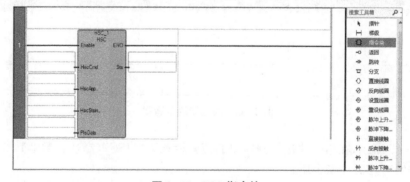

图 2-66　HSC 指令块

表 2-1 为 HSC 指令块各引脚的含义,在 HSC 指令块添加完成后需对各引脚进行命名和定义。

表 2-1　HSC 指令块引脚参数与说明

参数	参数类型	数据类型	说明
EN	输入	BOOL	仅适用于 LD(梯形图)编程 当 EN=TRUE 时,计时器开始递增 提示:我们不建议将 HSC 功能块与 EN 参数一起使用,因为在 EN 设置为 FALSE 时,计时器会继续递增
启用	输入	BOOL	功能块启用 当 Enable=TRUE 时,执行 HSC 命令参数中指定的 HSC 操作;当 Enable=FALSE 时,不发布任何 HSC 命令
HscCmd	输入	USINT	向 HSC 发布命令,请参见 HscCmd 值
HscAppData	输入	HscAPP	HSC 应用程序配置(通常仅需一次)
HscStsInfo	输入	HscSTS	HSC 动态状态,在 HSC 计数期间不断更新
PIsData	输入	DINT UDINT	可编程限位开关(PLS)数据结构
Sts	输出	UINT	HSC 执行状态
ENO	输出	BOOL	启用输出 仅适用于 LD 编程

如图 2-67 所示,把鼠标指向 HSC 功能块的灰色部分便会显示出各引脚的数据类型。与 Studio 5000 不同,CCW 对于数据类型要求更严格。

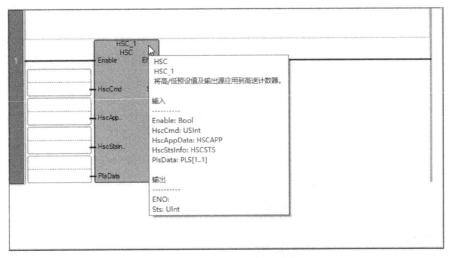

图 2-67　HSC 引脚的数据类型

在本例中介绍两种标签的定义方法。

第一种标签的定义方法如图 2-68 所示,直接在需定义变量的上半部分输入变量名称,如输入“CMD”,由于该标签为新建标签,因此在标签右下角会显示黄色三角叹号。双击“CMD”变量的下半部分,随即弹出如图 2-69 所示“变量选择器”,此时,由于“CMD”变量直接连接在"HscCmd"引脚处,系统会自动生成其需要的数据类型,同样也会将其默认为局部变量,可以将其修改为全局变量。标签创建完毕后的界面如图 2-70 所示。

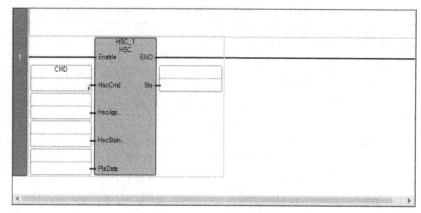

图 2-68　创建标签

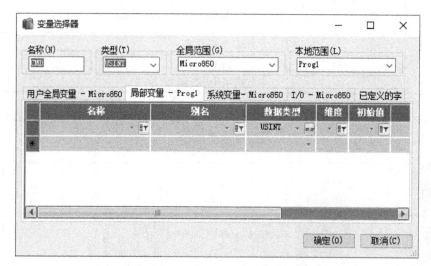

图 2-69　修改标签变量和数据类型

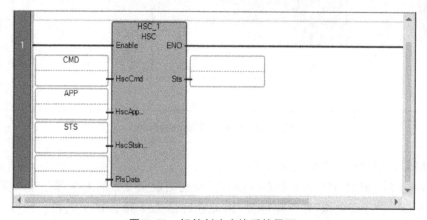

图 2-70　标签创建完毕后的界面

第二种标签的定义方法比较复杂,双击图 2-71 中的"局部变量",在最后一行直接输入名称、数据类型来定义,并且一次可以定义多个,在此定义"CMD""APP""STS"三个标签即可。

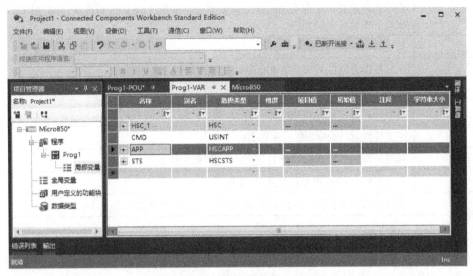

图 2-71 在局部变量中定义标签

定义完成后,需修改标签参数。如图 2-72 所示,给"CMD"赋上初值"1"来启动 HSC 功能块;由于不使用可编程限位开关,因此在"APP. PlsEnable"处写入"FALSE";Micro850 控制器有 6 组 HSC 高速计数输入,如果当前编码器连接在控制器的 6、7 口,则在"APP. HscID"处填"3"(表 2-2 介绍了不同 ID 所代表的编码器计数模式),如果连接在Micro850 的 0、1 输出口,则在此处填"0",也就是说,6 组高速输入对应控制器的 12 个接口,又对应 0~5 共 6 个 ID。

名称	别名	数据类型	维度	项目值	初始值	注释	字符串大小
HSC_1		HSC		...	...		
CMD		USINT			1		
APP		HSCAPP		...	...		
APP.PlsEnable		BOOL			FALSE		
APP.HscID		UINT			3		
APP.HscMode		UINT			6		
APP.Accumulator		DINT					
APP.HPSetting		DINT			9999999		
APP.LPSetting		DINT			-9999999		
APP.OFSetting		DINT			10000000		
APP.UFSetting		DINT			-1000000		
APP.OutputMask		UDINT					
APP.HPOutput		UDINT					
APP.LPOutput		UDINT					
STS		HSCSTS					

图 2-72 修改标签参数

表 2-2 HscMode 计数模式说明

HscMode	计数模式
0	增序计数器。累加器会在其达到高预设时立即清零(0),此模式下不能定义低预设
1	带有外部重置和保存功能的增序计数器。累加器会在其达到高预设时立即清零,此模式下不能定义低预设
2	采用外部方向的计数器
3	采用外部方向并具有重置和保存功能的计数器
4	双输入计数器(向上和向下)
5	具有外部重置和保存功能的双输入计数器(向上和向下)
6	正交计数器(带相位输入 A 和 B)
7	具有外部重置和保存功能的正交计数器(带相位输入 A 和 B)
8	正交 X4 计数器(带相位输入 A 和 B)
9	具有外部重置和保存功能的正交 X4 计数器(带相位输入 A 和 B)

标签"APP"中各名称的含义:

(1) APP. HscMode:代表编码器的类型,在此提供了 0~9 十种编码器类型供选择,常用的为类型 6,如果选用类型 8,则编码器会变为四倍频。

(2) APP. Accumulator:代表编码器的计数值,实际工作时会在项目值处显示当前脉冲数。如果有需要,可以将编码器的脉冲初始值设为 0,这样便可以在每次下载时自动清零。

(3) APP. HPSetting:用于定义 HSC 子系统何时生成中断的上设点,但是其预设值要小于等于编码器的上溢出值(APP. OFSetting)。

(4) APP. LPSetting:用于定义 HSC 子系统何时生成中断的下设点,但是其预设值要大于等于编码器的下溢出值(APP. UFSetting)。

(5) APP. OFSetting:用于定义计数器技术上限的上溢值,如果计数器的累加值高于上溢值则生成上溢中断,此时 HSC 子系统会将累加值重置为下溢值,计数器将从下溢值开始计数,但此过程不会丢失计数。需要注意 APP. OFSetting 的项目值要介于−2 147 483 648 和 2 147 483 647 之间。

(6) APP. UFSetting:用于定义计数器技术下限的下溢值,如果计数器的累加值低于下溢值则生成下溢中断,此时 HSC 子系统会将累加值重置为上溢值,计数器将从上溢值开始计数,但此过程不会丢失计数。需要注意 APP. UFSetting 的项目值要介于−2 147 483 648 和 2 147 483 647 之间。

由于在最终的机器人抓取分拣程序中需要调用编码器的数值,因此需要在 Studio 5000 Logix Designer 应用程序中使用 MSG 语句调用 Micro850 控制器当中的编码器计数值,但 MSG 语句只能扫描到全局变量,因此需要定义新的全局变量来为之后的 MSG 语句做准备。

回到主程序编辑第二个梯级。如图 2-73 所示,在右侧工具箱中选择"梯级",双击可新建梯级。

在第二梯级添加"ANY_TO_REAL"指令块来将计数器的值转换为实数型以供 Studio 5000 Logix Designer 应用程序使用。在指令块选择器窗口的搜索栏输入"ANY",双击"ANY_TO_REAL"指令块进行添加,如图 2-74 所示。

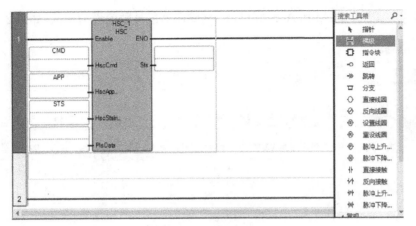

图 2-73　新建梯级

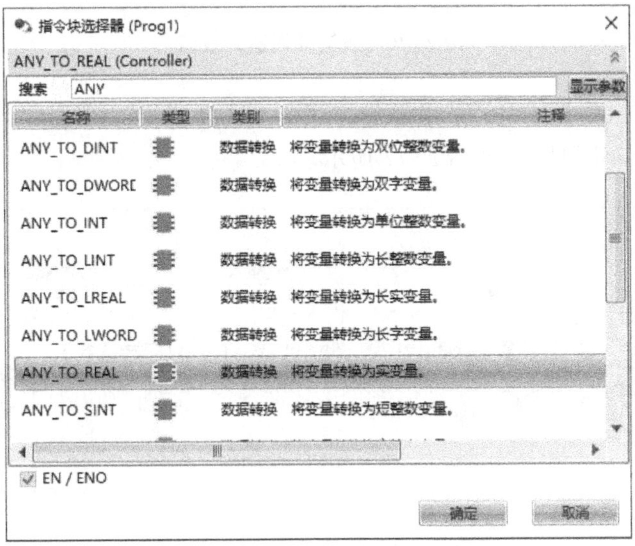

图 2-74　添加"ANY_TO_REAL"指令块

如图 2-75 所示,鼠标右键单击左侧标签上半部分,选择变量选择器。

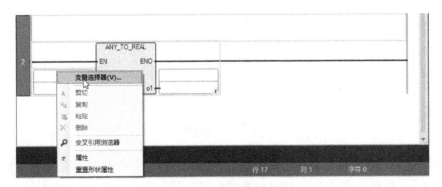

图 2-75　选择变量选择器

选择标签 APP 中的 APP. Accumulator,将编码器的计数值设为输入,如图 2-76 所示。

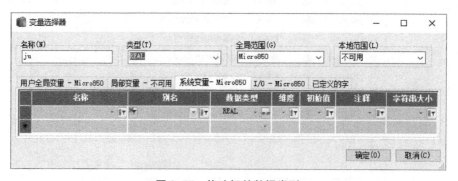

图 2-76　设置编码器计数值

在输出端写入"ju",双击"ju"下半部分打开变量选择器,将其确定为系统变量而非局部变量,修改后点击"确定"即可,如图 2-77 所示。

图 2-77　修改标签数据类型

2.3.3　程序编译

程序编写完成后,就可以进行编译和下载了。如图 2-78 所示,点击"生成"按钮进行程序的编译。

图 2-78　生成程序

编译完成后,在输出窗口会显示编译结果,如图 2-79 所示。编译的结果包括错误和警告两种结果。如果程序中有错误,需要根据输出窗口中的提示进行修改,再次编译直到编译通过为止。如结果为警告,则不一定需要修改。

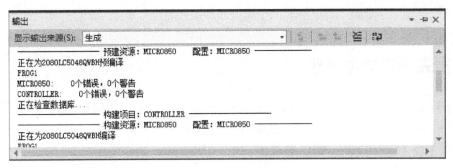

图 2-79 编译结果

下载程序之前要确保 RSLinx Classic 软件添加 EtherNet/IP 通信驱动,并进行以太网通信配置。

如图 2-80 所示,在"控制器"中选择"以太网",将"使用 DHCP 自动获取 IP 设置"修改为"配置 IP 地址和设置",在下方输入控制器的 IP 地址,将子网掩码设置为 255.255.255.0 即可。

图 2-80 配置 IP 地址和设置

当新建一个工程时,系统会默认将程序内的控制器地址模式设为 DHCP(动态主机配置协议),因此控制器需配置静态 IP。使用 POE 交换机时,若忽略这一步就直接下载,控制器会被重新启用 DHCP 功能,导致控制器地址丢失,进而丢失链接。

最后,启用编码器所在的嵌入式端口,如图 2-81 所示,选择左侧"嵌入式 I/O"选项,可看到所有可选端口,由于编码器在本例中连接在 6、7 端口(端口 ID 为 3),因此在此将 6、7 端口配置成"DC 5μs",完成这两步之后点击"下载"按钮,首次下载会弹出 RSLinx 对话框,找到当前 Micro850 控制器即可。

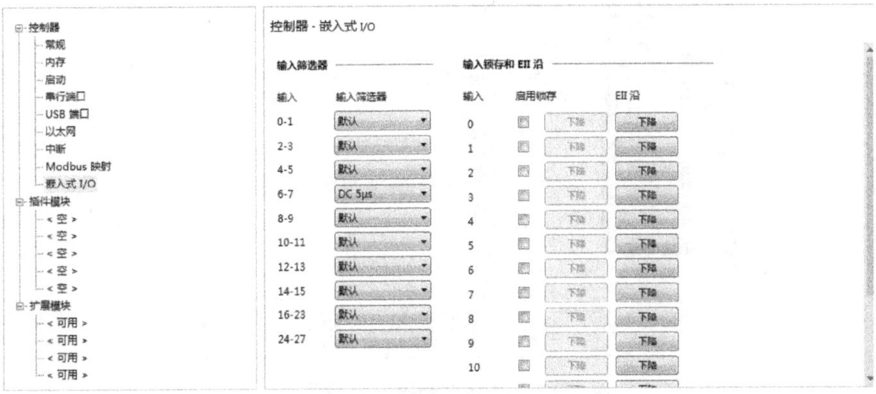

图 2-81 嵌入式 I/O 设置

2.4 罗克韦尔固件更新

对于罗克韦尔的设备,用户可以通过 USB 或 EtherNet/IP 网络连接控制器,使用 ControlFLASH 软件进行固件升级。如果控制器上装有 SD 卡,需将其移除。在 Windows 开始菜单中搜索 ControlFLASH 并打开,出现"Welcome to ControlFLASH"(欢迎进入 ControlFLASH)对话框,如图 2-82 所示。

图 2-82 "Welcome to ControlFLASH"对话框

单击"下一步",选择相应的控制器产品目录号。以 CompactLogix 5370 控制器为例,在图 2-83 所示界面中选择 1769-L36ERM。

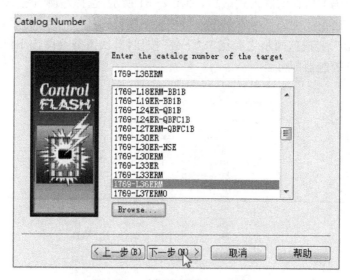

图 2-83 选择控制器产品目录号

单击"下一步",弹出如图 2-84 所示的 RSLinx 窗口,此时要选择目前网络中的 1769-L36ERM控制器,单击"OK"(确定)。

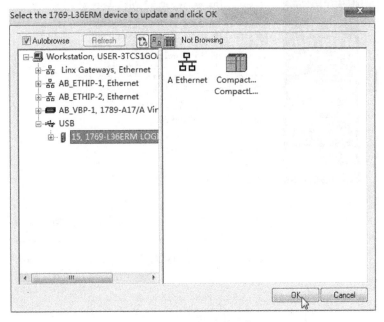

图 2-84　网络目录设备

选择您想要更新的控制器版本,单击"下一步",如图 2-85 所示。

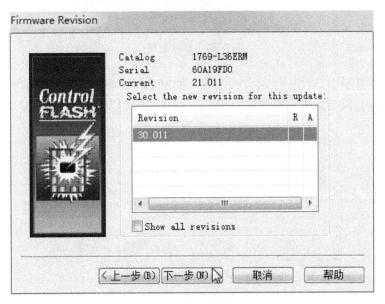

图 2-85　选择版本

此时弹出"Summary"对话框,单击"完成",然后单击"是",如图 2-86、图 2-87 所示。

图 2-86 "Summary"对话框

图 2-87 确认更新

在固件更新开始前,会出现如图 2-88 所示的对话框。根据该对话框的提示,此处需要注意,版本更新时,需要取出控制器里的 SD 卡,以免其中的程序被覆写,最后单击"确定"。

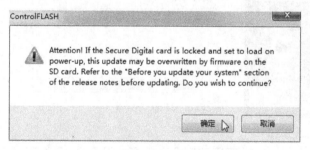

图 2-88 提醒 SD 卡是否需要取出

固件升级过程界面如图 2-89 所示。

控制器固件升级完毕后,状态对话框会显示"Update complete"(更新完成),如图 2-90所示,单击"OK"(确定)即可。

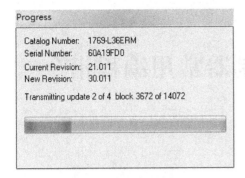

图 2-89　固件升级过程

图 2-90　更新状态确认

思 考 题

1. 概述在 RSLinx 软件中配置以太网通信驱动程序的步骤。

2. 概述 Studio 5000 Logix Designer 应用程序中别名标签的作用。

3. 在 Studio 5000 Logix Designer 应用程序中设计一段梯形图程序控制电机正/反运动。

4. 概述 HSC 模块的功能并在 CCW 中创建 HSC 模块与各引脚对应的标签。

第三章　Logix5000 控制器常用编程指令

本章要点

- 位指令的基本介绍及使用方法
- 计时器和计数器指令的基本介绍及使用方法
- 比较指令的基本介绍及使用方法
- 算术指令的基本介绍及使用方法
- 运动控制指令的基本介绍及使用方法
- 运动位移指令的基本介绍及使用方法
- 运动协调指令的基本介绍及使用方法
- FFL、JSR、MOV、MSG 指令的基本介绍及使用方法

3.1　位指令

3.1.1　检查是否闭合指令(XIC)

　　检查是否闭合指令(XIC)属于输入指令,用来检查数据位是否置位。它类似于常开开关。若数据位为 1,则梯级输出条件设置为真,否则梯级输出条件设置为假。

　　示例:如图 3-1 所示,若 limit_switch_1 置位,则使能下一条指令(梯级输出条件为真)。

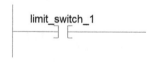

图 3-1　XIC 指令示例一

3.1.2　检查是否断开指令(XIO)

　　检查是否断开指令(XIO)属于输入指令,用来检查数据位是否清零。它类似于常闭开关。若数据位为 0,则梯级输出条件设置为真,否则梯级输出条件设置为假。

　　示例:如图 3-2 所示,若 limit_switch_2 清零,则使能下一条指令(梯级输出条件为真)。

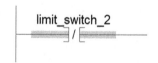

图 3-2　XIO 指令示例二

3.1.3　输出激活指令(OTE)

　　输出激活指令(OTE)属于输出指令,用于将数据位置位或清零。它类似于继电器的输出线圈。若梯级条件为真,则 OTE 指令将数据位置位;否则,OTE 指令将数据位清零。

示例：如图 3-3 所示，当 switch 置位时，OTE 指令将（接通）light_1 置位；当 switch 清零时，OTE 指令将 light_1 清零（断开）。

图 3-3　OTE 指令示例

3.1.4　输出锁存指令（OTL）

输出锁存指令（OTL）属于输出指令，用于将数据位置位（锁存）。若梯级条件为真，OTL 指令将数据位置位，数据位保持置位状态直到被清零为止，通常由 OTU（输出解锁）指令清零；若梯级条件为假，OTL 指令不会改变数据位的状态。

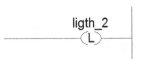

图 3-4　OTL 指令示例

示例：如图 3-4 所示，使能 OTL 指令时，OTL 指令使 light_2 置位，保持状态直到清零为止。

3.1.5　输出解锁指令（OTU）

输出解锁指令（OTU）属于输出指令，用于将数据位清零（解锁）。常用于复位由 OTL 指令锁存的位（OTL 与 OTU 指令使用相同的标签）。当梯级条件为真时，OTU 指令将数据位清零；否则，OTU 指令不会改变数据位的状态。

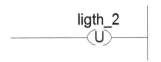

图 3-5　OUT 指令示例

示例：使用 OTU 指令时，OTU 指令将 light_2 清零，如图 3-5 所示。

3.1.6　单脉冲触发指令（ONS）

单脉冲触发指令（ONS）根据存储位的状态使能或禁止梯级的其余部分。当 ONS 指令使能并且存储位清零时，ONS 指令使能梯级的其余部分；当 ONS 指令禁止并且存储位置位时，ONS 指令禁止梯级的其余部分。ONS 指令通常不会被单独使用，而是被放置在梯级条件之后，将梯级条件的宽脉冲变为单脉冲，以确保输出指令只执行一次，波形如图 3-6 所示。

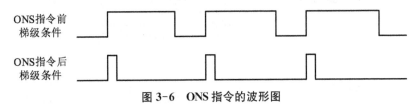

图 3-6　ONS 指令的波形图

示例：如图 3-7 所示，若扫描到 limit_switch_1 清零或者 storage_1 置位，则此梯级没有任何作用；若扫描到 limit_switch_1 置位且 storage_1 清零，触发脉冲，ONS 指令将 storage_1 置位，ADD 指令将使 sum 加 1。只要 limit_switch_1 保持置位状态，sum 就维持该值不变。只有 limit_switch_1 再次从清零状态变为置位状态，才能再次对 sum 执行一次加法操作。

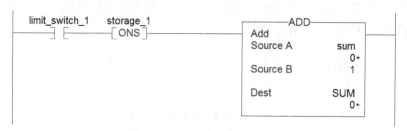

图 3-7　ONS 指令示例

3.1.7　上升沿单脉冲触发指令(OSR)

上升沿单脉冲触发指令(OSR)根据存储位的状态将输出位置位或清零。当 OSR 指令所在梯级条件由假到真变化时,在输出位(Output Bit)产生一个周期的正脉冲(即上升沿动作类型)。存储位(Storage Bit)自动存储了 OSR 指令所在梯级的梯级条件(条件为真时存储 1,为假时存储 0),OSR 指令的波形如图 3-8 所示。当梯级条件为真且存储位为清零状态时,OSR 指令将输出位置位;当梯级条件为真且存储位为置位状态时,OSR 指令将输出位清零。

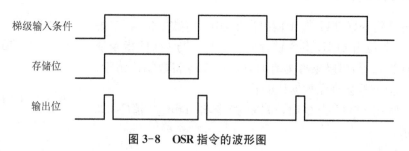

图 3-8　OSR 指令的波形图

示例:如图 3-9 所示,每次 limit_switch_1 从清零状态转变为置位状态时,OSR 指令都会将 output_bit_1 置位,ADD 指令将使 sum 加 5。只要 limit_switch_1 保持置位状态,sum 就维持该值不变。只有 limit_switch_1 再次从清零状态转变为置位状态时,才能再次对 sum 执行加法操作。可以在多个梯级中使用 output_bit_1 来触发其他操作。

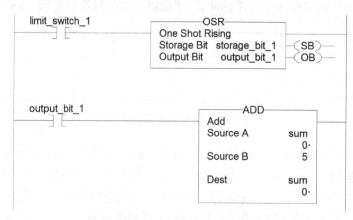

图 3-9　OSR 指令示例

3.1.8　下降沿单脉冲触发指令(OSF)

下降沿单脉冲触发指令(OSF)根据存储位状态将输出位置位或清零。当 OSF 指令所在梯级条件由真到假变化时,在输出位(Output Bit)产生一个周期的负脉冲(下降沿动作类型)。存储位(Storage Bit)自动存储了 OSF 指令所在梯级的梯级条件(条件为真存储 1,为假存储 0),波形如图 3-10 所示。当梯级条件为假且存储位为置位状态时,OSF 指令将输出位置位;当梯级条件为假且存储位为清零状态时,OSF 指令将输出位清零。

图 3-10　OSF 指令的波形图

示例:如图 3-11 所示,每次 limit_switch_1 从置位状态转变为清零状态时,OSF 指令都会将 output_bit_2 置位,ADD 指令将使 sum 加 5。只要 limit_switch_1 保持清零状态,sum 就维持该值不变。只有 limit_switch_1 再次从置位状态转变为清零状态时,才能再次对 sum 执行加法操作。可以在多个梯级中使用 output_bit_2 触发其他操作。

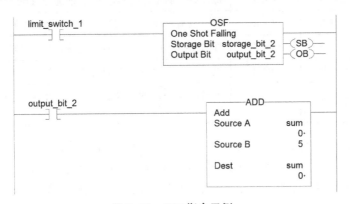

图 3-11　OSF 指令示例

3.2　计时器和计数器指令

3.2.1　接通延时计时器指令(TON)

接通延时计时器指令(TON)属于输出指令,是非保持型计时器指令,计时器时基为 1 ms,计时范围为 1~2 147 483 647 ms。当指令使能时(梯级输入条件为真),累计时间,直到累计值(. ACC)等于预置值(. PRE),完成位(. DN)置位,计时工作停止。当梯级输入条件为假时,无论计时是否完成,累加值都会复位,同时所有状态位复位。接通延时计时器指令工作状态位波形如图 3-12 所示。

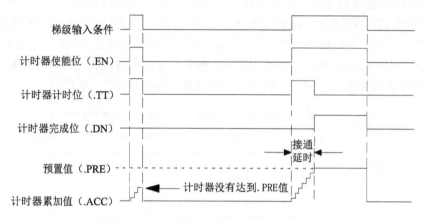

图 3-12　TON 指令的波形图

TON 指令的操作数、数据类型及说明见表 3-1。

表 3-1　TON 指令操作数、数据类型及说明

操作数	名称	数据类型	说明
.EN	使能位	BOOL	梯级条件满足计时器指令时,使能位置位
.TT	计时位	BOOL	计时位指令被使能,计时位置位,当累加值等于预置值时复位
.DN	完成位	BOOL	计时器指令被使能,完成位复位,当累加值等于预置值时置位
.PRE	预置值	DINT	设置预定的时间值(以毫秒为单位的数值),即计时脉冲个数
.ACC	累加值	DINT	计时脉冲个数的积累数值,每当计时器指令被扫描时实施累加

示例:如图 3-13 所示,当 limit_switch_1 置位时,light_2 接通 180 ms(timer_1 正在计时)。当 timer_1.ACC 值达到 180 时,light_2 熄灭,light_3 点亮。light_3 一直点亮,直到 TON 指令被禁止为止。如果在 timer_1 计时期间 limit_switch_1 清零,light_2 将熄灭。

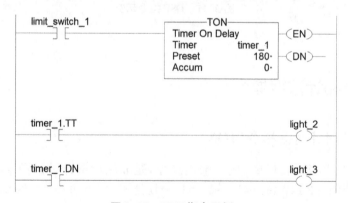

图 3-13　TON 指令示例

3.2.2　增计数指令(CTU)

增计数指令(CTU)执行增计数操作。当 CTU 指令使能且 .CU 位清零时,CTU 指令使计数器加 1。当 CTU 指令使能且 .CU 位置位时,或者当 CTU 指令禁止时,CTU 指令保持其 .ACC 值。CTU 指令工作状态位波形如图 3-14 所示。

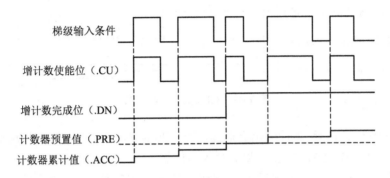

图 3-14　CTU 指令的波形图

即使在 .DN 位置位后,累计值仍会继续递增。要将累计值清零,需要使用清除计数器结构的 RES 指令或者使用 MOV 指令将 0 写入累计值。

示例:如图 3-15 所示,当 limit_switch_1 从禁止切换到使能达 100 次后,.DN 位置位,light_1 接通。如果 limit_switch_1 继续从禁止切换到使能,counter_1 继续增计数,并且 .DN 位保持置位状态。当 limit_switch_2 使能时,RES 指令将 counter_1 复位,light_1 关闭。

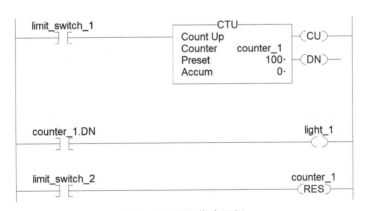

图 3-15　CTU 指令示例

3.2.3　减计数指令(CTD)

减计数指令(CTD)执行减计数操作。CTD 指令通常与引用相同计数器结构的 CTU 指令一起使用。当 CTD 指令使能且 .CD 位清零时,CTD 指令使计数器减 1。当 CTD 指令使能且 .CD 位置位时,或者当 CTD 指令禁止时,CTD 指令保持其 .ACC 值。CTD 指令工作状态位波形如图 3-16 所示。

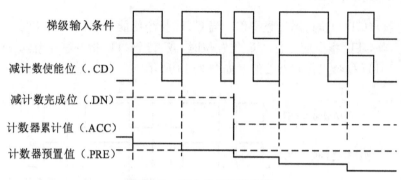

图 3-16   CTD 指令的波形图

即使在. DN 位置位后，累计值仍会继续递减。要将累计值清零，需要使用清除计数器结构的 RES 指令或者使用 MOV 指令将 0 写入累计值。

示例：传送带将零件传送到缓冲区域中。如图 3-17 所示，每次有零件进入，limit_switch_1 就会使能，counter_1 加 1。每次有零件离开，limit_switch_2 就会使能，counter_1 减 1。如果缓冲区域中有 100 个零件(counter_1. DN 置位)，conveyor_A 关闭并阻止传送带再传入任何其他零件，直到缓冲区有空间可以容纳其他零件。

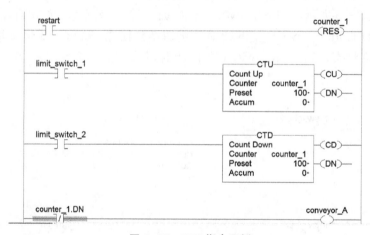

图 3-17   CTD 指令示例

3.3   比较指令

3.3.1   等于指令(EQU)

等于指令(EQU)属于输入指令，用于检验 Source A 是否等于 Source B。如果 Source A 的值和 Source B 的值相等，则指令逻辑为真，否则为假。EQU 指令操作数、数据类型及说明如表 3-2 所示。

表 3-2　EQU 指令操作数、数据类型及说明

操作数	名称	数据类型	格式	说明
Source A	源 A	SINT INT DINT REAL 字符串	立即数 标签	与 Source B 进行比较的值
Source B	源 B	SINT INT DINT REAL 字符串	立即数 标签	与 Source A 进行比较的值

示例：如图 3-18 所示，如果 value_1 等于 value_2，将 light_a 置位；如果 value_1 不等于 value_2，将 light_a 清零。

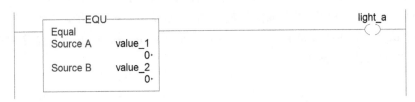

图 3-18　EQU 指令示例

3.3.2　大于等于指令（GEQ）

大于等于指令（GEQ）属于输入指令，用于检验 Source A 是否大于或等于 Source B。如果 Source A 的值大于或等于 Source B 的值，则指令逻辑为真，否则为假。GEQ 指令的操作数、数据类型及说明与 EQU 指令的操作数、数据类型及说明一致，此处不再赘述。

示例：如图 3-19 所示，如果 value_1 大于或等于 value_2，将 light_b 置位；如果 value_1 小于 value_2，将 light_b 清零。

图 3-19　GEQ 指令示例

3.3.3　大于指令（GRT）

大于指令（GRT）属于输入指令，用于检验 Source A 是否大于 Source B。如果 Source A 的值大于 Source B 的值，则指令逻辑为真，否则为假。GRT 指令的操作数、数据类型及说明

与 EQU 指令的操作数、数据类型及说明一致,此处不再赘述。

示例:如图 3-20 所示,如果 value_1 大于 value_2,将 light_1 置位;如果 value_1 小于或等于 value_2,将 light_1 清零。

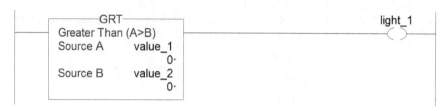

图 3-20　GRT 指令示例

3.3.4　小于等于指令(LEQ)

小于等于指令(LEQ)属于输入指令,用于检验 Source A 是否小于或等于 Source B。如果 Source A 的值小于或等于 Source B 的值,则指令逻辑为真,否则为假。LEQ 指令的操作数、数据类型及说明与 EQU 指令的操作数、数据类型及说明一致,此处不再赘述。

示例:如图 3-21 所示,如果 value_1 小于或等于 value_2,将 light_2 置位;如果 value_1 大于 value_2,将 light_2 清零。

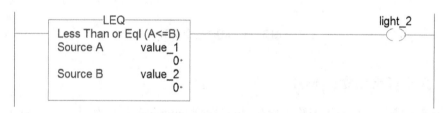

图 3-21　LEQ 指令示例

3.3.5　小于指令(LES)

小于指令(LES)属于输入指令,用于检验 Source A 是否小于 Source B。如果 Source A 的值小于 Source B 的值,则指令逻辑为真,否则为假。LES 的指令操作数、数据类型及说明与 EQU 指令的操作数、数据类型及说明一致,此处不再赘述。

示例:如图 3-22 所示,如果 value_1 小于 value_2,将 light_3 置位;如果 value_1 大于或等于 value_2,将 light_3 清零。

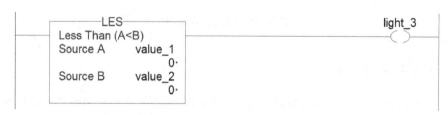

图 3-22　LES 指令示例

3.3.6　限值指令(LIM)

限值指令(LIM)属于输入指令,该指令根据用户设定的极限值,比较某值是在指定范围之内还是之外。LIM 指令的操作数、数据类型及说明如表 3-3 所示。如果下限值小于或等于上限值,当测试值在比较范围之内时,指令逻辑为真,否则为假;如果下限值大于或等于上限值,当测试值在比较范围之外时,指令逻辑为真,否则为假。上下限比较如表 3-4 所示。

表 3-3　LIM 指令操作数、数据类型及说明

操作数	名称	数据类型	格式	说明
Low Limit	下限	SINT INT DINT REAL	立即数 标签	下限值
Test	测试值	SINT INT DINT REAL	立即数 标签	要检验的值
High Limit	上限	SINT INT DINT REAL	立即数 标签	上限值

注：SINT 或 INT 标签将通过符号扩展转换为 DINT 值。

表 3-4　上下限比较

下限	判断	测试值	梯级输出条件
≤上限	是	等于或位于上下限之间	真
	否	不等于或位于上下限范围之外	假
≥上限	是	等于或位于上下限范围之外	真
	否	不等于或位于上下限范围之内	假

示例:

如图 3-23(a)所示,当下限小于或等于上限时,如果 $0 \leqslant value \leqslant 100$,将 light_1 置位;如果 $value < 0$ 或 $value > 100$,将 light_1 清零。

如图 3-23(b)所示,当下限大于或等于上限时,如果 $value \geqslant 0$ 或 $value \leqslant -100$,将 light_1 置位;如果 $value < 0$ 或 $value > -100$,将 light_1 清零。

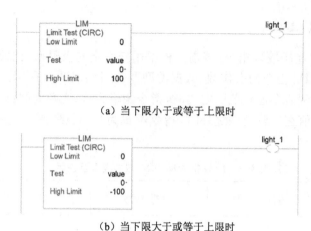

（a）当下限小于或等于上限时

（b）当下限大于或等于上限时

图 3-23　LIM 指令示例

3.3.7　不等于指令（NEQ）

不等于指令（NEQ）属于输入指令，用于检验 Source A 是否不等于 Source B。如果 Source A 的值不等于 Source B 的值，则指令逻辑为真，否则为假。NEQ 指令的操作数、数据类型及说明与 EQU 指令的操作数、数据类型及说明一致，此处不再赘述。

示例：如图 3-24 所示，如果 value_1 不等于 value_2，将 light_4 置位；如果 value_1 等于 value_2，将 light_4 清零。

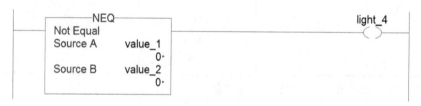

图 3-24　NEQ 指令示例

3.4　算术指令

3.4.1　计算指令（CPT）

计算指令（CPT）属于输出指令，用于执行在表达式中定义的算术运算。CPT 指令的操作数、数据类型及说明如表 3-5 所示，有效运算符、运算顺序的确定、指令执行情况如表 3-6、表 3-7 和表 3-8 所示。

使能后，CPT 指令将计算表达式的值，然后将结果存放在 Destination 中。与其他算术比较指令相比，CPT 指令的执行速度略慢，所用内存更多。CPT 指令的优点是它允许在一条指令中输入多个复杂的表达式，并且对表达式的长度没有限制。

表 3-5　CPT 指令操作数、数据类型及说明

操作数	名称	数据类型	格式	说明
Destination	目标	SINT INT DINT REAL	标签	要存储结果的标签
Expression	表达式	SINT INT DINT REAL	立即数 标签	由标签和/或立即值(被运算符隔开)组成的表达式

注：SINT 或 INT 标签将通过符号扩展转换成为 DINT 值。

表 3-6　有效运算符

运算符	说明	最佳类型	运算符	说明	最佳类型
+	加	DINT REAL	LN	自然对数	REAL
−	减/取反	DINT REAL	LOG	以 10 为底的对数	REAL
*	乘	DINT REAL	MOD	求模除法	DINT REAL
/	除	DINT REAL	NOT	按位取反	DINT
**	指数(x 的 y 次幂)	DINT REAL	OR	按位或	DINT
ABS	绝对值	DINT REAL	RAD	角度转弧度	DINT REAL
ACS	反余弦	REAL	SIN	正弦	REAL
AND	按位与	DINT	SQR	平方根	DINT REAL
ASN	反正弦	REAL	TAN	正切	REAL
ATN	反正切	REAL	TOD	整数转 BCD	DINT
COS	余弦	REAL	TRN	截断	DINT REAL
DEG	弧度转角度	DINT REAL	XOR	按位异或	DINT
FRD	BCD 转整数	DINT			

表3-7　运算顺序的确定

序号	运算	序号	运算
1	()	6	—(减)，+
2	ABS、ACS、ASN、ATN、COS、DEG、FRD、LN、LOG、RAD、SIN、SQR、TAN、TOD、TRN	7	AND
3	**	8	XOR
4	—(取反)、NOT	9	OR
5	*、/、MOD		

表3-8　指令执行情况

条件	梯形图操作
预扫描	梯级输出条件设置为假
梯级输入条件为假	梯级输出条件设置为假
梯级输入条件为真	指令将计算表达式的值，然后将结果放在 Destination 中 梯级输出条件设置为真
后扫描	梯级输出条件设置为假

示例：如图 3-25 所示，使能后，CPT 指令将分别计算 value_1 乘以 5 和 value_2 除以 7 的结果，再用第一个结果除以第二个结果，并将最终结果放到 result_1 中。

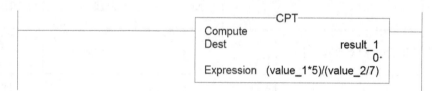

图 3-25　CPT 指令示例

3.4.2　加指令(ADD)

加指令(ADD)属于输出指令，用于将 Source A 与 Source B 相加并将结果存放在 Destination 中。ADD 指令的操作数、数据类型及说明如表 3-9 所示，指令执行情况如表 3-10 所示。

表3-9　ADD 指令操作数、数据类型及说明

操作数	名称	数据类型	格式	说明
Source A	源 A	SINT INT DINT REAL	立即数 标签	与 Source B 相加的值

（续表）

操作数	名称	数据类型	格式	说明
Source B	源 B	SINT INT DINT REAL	立即数 标签	与 Source A 相加的值
Destination	目标	SINT INT DINT REAL	立即数 标签	要存储结果的标签

注：SINT 或 INT 标签将通过符号扩展转换为 DINT 值。

表 3-10　指令执行情况

条件	操作
预扫描	梯级输出条件为假
梯级输入条件为假	梯级输出条件为假
梯级输入条件为真	Destination= Source A+ Source B 梯级输出条件为真
后扫描	梯级输出条件为假

示例：如图 3-26 所示，将 float_value_1 与 float_value_2 相加，然后将结果放在 add_result 中。

图 3-26　ADD 指令示例

3.4.3　减指令(SUB)

减指令(SUB)属于输出指令，用于从 Source A 中减去 Source B 并将结果存放在 Destination 中。SUB 指令的操作数、数据类型及说明如表 3-11 所示，指令执行情况如表 3-12 所示。

表 3-11　SUB 指令操作数、数据类型及说明

操作数	名称	数据类型	格式	说明
Source A	源 A	SINT INT DINT REAL	立即数 标签	从 Source A 中减去 Source B 的值

(续表)

操作数	名称	数据类型	格式	说明
Source B	源B	SINT INT DINT REAL	立即数 标签	从 Source A 中减掉的值
Destination	目标	SINT INT DINT REAL	立即数 标签	要存储结果的标签

注：SINT 或 INT 标签将通过符号扩展转换为 DINT 值。

表 3-12　指令执行情况

条件	操作
预扫描	梯级输出条件为假
梯级输入条件为假	梯级输出条件为假
梯级输入条件为真	Destination= Source A－Source B 梯级输出条件为真
后扫描	梯级输出条件为假

示例：如图 3-27 所示，从 float_value_1 中减去 float_value_2，然后将结果放在 subtract_result 中。

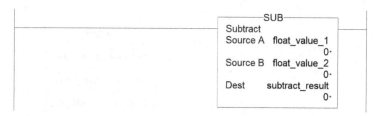

图 3-27　SUB 指令示例

3.4.4　绝对值指令(ABS)

绝对值指令(ABS)属于输出指令，用于取 Source 的绝对值，并将结果存放在 Destination 中。ABS 指令的操作数、数据类型及说明如表 3-13 所示，指令执行情况如表 3-14 所示。

表 3-13　ABS 指令操作数、数据类型及说明

操作数	名称	数据类型	格式	说明
Source	源	SINT INT DINT REAL	立即数 标签	要取绝对值的值

（续表）

操作数	名称	数据类型	格式	说明
Destination	目标	SINT INT DINT REAL	立即数 标签	要存储结果的标签

注：SINT 或 INT 标签将通过符号扩展转换为 DINT 值。

表 3-14 指令执行情况

条件	操作
预扫描	梯级输出条件为假
梯级输入条件为假	梯级输出条件为假
梯级输入条件为真	Destination＝│Source│ 梯级输出条件为真
后扫描	梯级输出条件为假

示例：如图 3-28 所示，将 value_1 的绝对值放在 value_1_absolute 中。

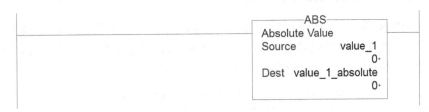

图 3-28 ABS 指令示例

3.5 运动控制指令

3.5.1 开运动伺服使能指令（MSO）

开运动伺服使能指令（MSO）用于激活指定轴的变频器、放大器以及激活轴的伺服环。MSO 指令的操作数、数据类型及说明如表 3-15 所示，MSO 指令 MOTION_INSTRUCTION 结构如表 3-16 所示。

表 3-15 MSO 指令操作数、数据类型及说明

操作数	数据类型	格式	说明
轴	AXIS_GENERIC AXIS_SERVO AXIS_SERVO_DRIVE	标签	要在其上执行操作的轴的名称
运动控制	MOTION_INSTRUCTION	标签	用于访问指令状态参数的结构

表 3-16　MSO 指令 MOTION_INSTRUCTION 结构

记忆单元	描述
.EN(启用)位 31	当梯级进行一次从假到真的转换时,这个位被设置,并保持设置状态直到伺服消息转换完成、梯级变为假为止
.DN(完成)位 29	当轴的伺服操作已经成功被使能而且伺服活跃状态位被设置时,完成位被设置
.ER(错误)位 28	这个位被设置表示指令检测到错误,例如指定了一个未配置的轴

示例:如图 3-29 所示,当输入条件为真时,控制器使能伺服变频器并激活轴 1 所配置的伺服环。

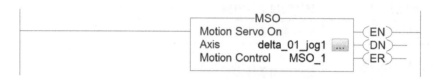

图 3-29　MSO 指令示例

3.5.2　关运动伺服使能指令(MSF)

关运动伺服使能指令(MSF)用于激活指定轴的变频器输出及激活轴的伺服环。MSF 指令的操作数、数据类型及说明与 MSO 指令的操作数、数据类型及说明一致,此处不再赘述。MSF 指令的 MOTION_INSTRUCTION 结构见表 3-17。

表 3-17　MSF 指令 MOTION_INSTRUCTION 结构

记忆单元	描述
.EN(启用)位 31	当梯级进行一次从假到真的转换时,这个位被设置,并保持设置状态直到伺服消息转换完成、梯级变为假为止
.DN(完成)位 29	当轴的伺服操作已经成功被禁止而且伺服活跃状态位被设置时,完成位被设置
.ER(错误)位 28	这个位被设置表示指令检测到错误,例如指定了一个未配置的轴

示例:如图 3-30 所示,当输入条件为真时,控制器禁止伺服变频器及轴 1 所配置的伺服环。

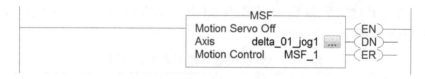

图 3-30　MSF 指令示例

3.5.3　运动轴故障复位指令(MAFR)

运动轴故障复位指令(MAFR)用于清除某个轴的所有运动故障。这是清除轴运动故障

的唯一方法。MAFR 指令的操作数、数据类型及说明如表 3-18 所示，MOTION_
INSTRUCTION 结构见表 3-19，此处不再赘述。

表 3-18　MAFR 指令操作数、数据类型及说明

操作数	数据类型	格式	说明
轴	AXIS_FEEDBACK AXIS_VIRTUAL AXIS_GENERIC AXIS_SERVO AXIS_SERVO_DRIVE	标签	要在其上执行操作的轴的名称
运动控制	MOTION_INSTRUCTION	标签	用于访问指令状态参数的结构

表 3-19　MAFR 指令 MOTION_INSTRUCTION 结构

记忆单元	描述
.EN(启用)位 31	当梯级进行一次从假到真的转换时,这个位被设置,并保持设置状态直到伺服消息转换完成、梯级变为假为止
.DN(完成)位 29	当轴被成功置于关闭状态时,完成位被设置
.ER(错误)位 28	这个位被设置表示指令检测到错误,例如指定了一个未配置的轴

示例：如图 3-31 所示，当输入条件为真时，控制器清除轴 1 的所有故障。

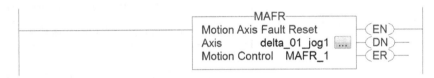

图 3-31　MAFR 指令示例

3.6　运动位移指令

3.6.1　运动轴停止指令(MAS)

运动轴停止指令(MAS)用于停止某个轴上的特定运动过程或者使该轴完全停止。如果停止类型为点动,则 MAS 指令所选择的模式必须与启动该点动的轴速度指令(MAJ)相同；如果停止类型为移动,则 MAS 指令所选择的模式必须与启动该位移的轴位移指令(MAM)相同；如果停止类型不是以上两种,则 MAS 指令选择梯形类型。假设使用 MAJ 指令以及 S 曲线模式来开始一个点动,现在需要 MAS 指令来停止该点动。在这种情况下,MAS 指令需要配置 S 曲线模式来停止点动。

MAS 指令的操作数、数据类型及说明如表 3-20 所示，MAS 指令 MOTION_
INSTRUCTION 结构如表 3-21 所示。

表 3-20　MAS 指令操作数、数据类型及说明

操作数	数据类型	格式	说明
轴	AXIS_VIRTUAL AXIS_GENERIC AXIS_SERVO AXIS_SERVO_DRIVE	标签	轴的名称
运动控制	MOTION_INSTRUCTION	标签	指令的控制标签
停止类型	DINT	立即	要停止这个轴所有正在进行的运动,选择的停止类型为全部(0)
			仅停止某种类型的运动,而使其他运动过程继续运行 选择您要停止的运动类型: • 点动(1) • 移动(2) • 齿轮(3) • 归零(4) • 整定(5) • 测试(6) • 位置凸轮(7) • 时间凸轮(8) • 主偏移移动(9) 当 MAS 指令完成后,轴仍然在移动
变更减速度	DINT	立即	如果需要使用轴的最大减速度,选择否(0)
			如果需要指定减速度,选择是(1)
减速度	REAL	立即或标签	重要事项: 如果运动正在进行之中而您降低减速度,则轴可能会过冲其目标位置 轴的减速度:只有当变更减速指令为"是"时,指令才会使用这个值
减速度单位	DINT	立即	减速度使用的单位 • 单位/s²(0) • 最大值%(1)
变更减速度跃度	DINT	立即	如果需要使用轴的最大减速度跃度,选择否(0)
			如果需要编程减速度跃度速率,选择是(1)
减速度跃度	REAL	立即或标签	重要事项:如果运动正在进行之中,而您降低了减速度跃度(减速度跃度是轴的减速度跃度值),则轴可能会过冲其目标位置 必须始终为减速度跃度操作数输入值。如果模式配置为 S 曲线,这个指令仅使用该值
跃度单位	DINT	立即	使用这些值起步: 减速度跃度＝100(时间%) 0＝单位/s³ 1＝最大值% 2＝时间%(使用这个值起步)

表 3-21 MAS 指令 MOTION_INSTRUCTION 结构

要查看的内容	检查这个位是否被设置	数据类型	注意
从假到真的过渡是否将导致这个指令执行	EN	BOOL	EN 位保持设置状态,直到过程完成、梯级变为假为止
停止是否被成功发起	DN	BOOL	
是否出现错误	ER	BOOL	
轴是否正在停止	IP	BOOL	这些操作的任何一个都会结束 MAS 指令,并清除 IP 位: • 轴被停止 • 另外一条 MAS 指令取代这条 MAS 指令 • 关闭命令 • 故障操作
轴是否被停止	PC	BOOL	PC 位保持设置状态,直到梯级进行一次从假到真的过渡

示例：如图 3-32 所示,当"Axis_001. MAJ. IP"开关闭合时,停止 Axis_01 上所有运动。以 100 单位/s^2 的减速度减速。指令不使用减速度阶跃值。由于停止类型为全部,指令使用梯形模式来停止轴。

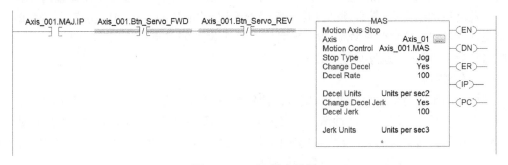

图 3-32 MAS 指令示例

3.6.2 运动轴寻参指令(MAH)

运动轴寻参指令(MAH)用于校准指定轴的绝对位置。MAH 指令的操作数、数据类型及说明与 MAFR 指令的操作数、数据类型及说明一致,此处不再赘述。MAH 指令 MOTION_INSTRUCTION 结构如表 3-22 所示。

表 3-22 MAH 指令 MOTION_INSTRUCTION 结构

记忆单元	描述
. EN(启用)位 31	当梯级进行一次从假到真的转换时,这个位被设置,并保持设置状态直到伺服消息转换完成、梯级变为假为止
. DN(完成)位 29	当轴的伺服操作已经成功被使能而且伺服活跃状态位被设置时,完成位被设置
. ER(错误)位 28	这个位被设置表示指令检测到错误,例如指定了一个未配置的轴

（续表）

记忆单元	描述
.IP（正在进行）位 27	这个位在正的梯级转换时设置,在运动轴寻参完成后或者被停止命令、关闭或伺服故障终止时清除
.PC（过程完成）位 26	当轴归零已经成功完成后,过程完成位被设置

对于配置为伺服类型的轴来说,可使用主动、被动或绝对归零模式配置来进行归零。对于反馈型的轴,仅提供被动和绝对归零模式。绝对归零模式要求轴安装有绝对值反馈装置。

（1）主动归零

当轴的归零模式被配置为主动时,物理轴首先被激活并进行伺服操作。作为这个过程的一部分,所有其他正在进行的运动被取消,相应的状态位被清除,然后使用所配置的归零序列将轴归零,该序列可能是"立即""开关"或"开关-标记"。后面三种归零序列的结果都是使轴按配置的归零方向点动,然后根据归零事件的检测重新定义位置以后,轴自动移动到所配置的归零位置。

（2）被动归零

当轴的归零模式被配置为被动时,在下一次出现编码器标记时,MAH 指令重新定义物理轴的实际位置。被动归零最常用于将仅反馈轴校准到它们的标记,但也可以用于伺服轴。被动归零到达编码器标记的过程与主动归零相同,但运动控制器不会命令任何轴运动。

在发起被动归零后,轴必须通过移动编码器标识,才能让归零序列成功完成。对于闭环伺服轴,可以通过 MAM 或 MAJ 指令来完成。对于物理的仅反馈轴,运动不能直接由运动控制器来命令,而必须通过其他方式来实现。

（3）绝对归零

如果运动轴支持绝对反馈装置,则可以使用绝对归零模式。对于绝对归零模式,唯一有效的归零序列是"立即"。在这种情况下,绝对归零过程通过将配置的归零位置应用到绝对值反馈装置所报告的位置,建立真正的轴的绝对位置。在通过 MAH 指令执行绝对归零过程之前,轴必须处于轴就绪状态,而且伺服环应被禁止。

要在配置为主动归零模式的轴上成功执行 MAH 指令,目标轴必须配置为伺服轴类型。要成功执行 MAH 指令,目标轴必须配置为伺服或反馈唯一轴。如果不满足以上任一条件,则指令出错。

示例：如图 3-33 所示,当开关 switch 闭合后,轴 1 归零。

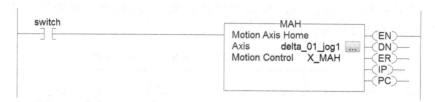

图 3-33　MAH 指令示例

3.6.3　轴速度指令（MAJ）

轴速度指令（MAJ）可以恒定速度移动轴,直到用户告诉它停止为止,这与位置无关。

MAJ 指令的操作数、数据类型及说明如表 3‑23 所示，MAJ 指令 MOTION_INSTRUCTION 结构如表 3‑24 所示。

表 3‑23　MAJ 指令操作数、数据类型及说明

操作数	数据类型	格式	说明
轴	AXIS_VIRTUAL AXIS_GENERIC AXIS_SERVO AXIS_SERVO_DRIVE	标签	要点动的轴的名称
运动控制	MOTION_INSTRUCTION	标签	指令的控制标签
方向	DINT	立即数标签	点动方向为正向，输入 0
			点动方向为反向，输入 1
速度	REAL	立即数标签	移动轴的速度，采用速度单位
速度单位	DINT	立即	速度使用的单位： • 单位/s(0) • 最大值%(1)
加速度	REAL	立即数标签	轴的加速度，采用加速度单位
加速度单位	DINT	立即	加速度使用的单位： • 单位/s²(0) • 最大值%(1)
减速度	REAL	立即数标签	轴的减速度，采用减速度单位
减速度单位	DINT	立即	减速度使用的单位： • 单位/s²(0) • 最大值%(1)
模式	DINT	立即	选择运行点动的速度模式： • 梯形(0) • S 曲线(0)
加速度跃度	REAL	立即数标签	必须始终为加速度和减速度跃度操作数输入值。如果模式配置为 S 曲线，这个指令仅使用该值 • 加速跃度是轴的加速跃度值 • 减速度跃度是轴的减速度跃度值 使用这些值起步：
减速度跃度	REAL	立即数标签	• 加速度跃度＝100(时间%) • 减速度跃度＝100(时间%) • 跃度单位＝2
跃度单位	DINT	立即	用以下跃度单位输入跃度速率： 0＝单位/s³ 1＝最大值% 2＝时间%(使用这个值起步)

(续表)

操作数	数据类型	格式	说明
合并	DINT	立即	是否要将所有当前轴运动变成由这个指令控制的纯点动,而不管当前正在进行的运动控制指令如何 • 否——选择禁止(0) • 是——选择使能(1)
合并速度	DINT	立即	如果合并被使能,需要以什么速度点动 • 此指令的速度——选择编程(0) • 轴的当前速度——选择当前(1)

表 3-24　MAJ 指令 MOTION_INSTRUCTION 结构

要查看的内容	检查这个位是否被设置	数据类型	注意
是否从假到真的过渡将导致这个指令执行	EN	BOOL	EN 位保持设置状态,直到过程完成、梯级变为假为止
点动是否被成功发起	DN	BOOL	
是否出现错误	ER	BOOL	
轴是否正在点动	IP	BOOL	下列操作中的任何一个都会停止此点动,并清除 IP 位: • 另外一条 MAJ 指令取代这条 MAJ 指令 • MAS 指令 • 来自另一条指令的合并 • 关闭命令 • 故障操作

示例:如图 3-34 所示,当轴 1 处于励磁状态,"Axis_01. ServoAcitonStatus"开关闭合,轴 1 以恒定速度运动。

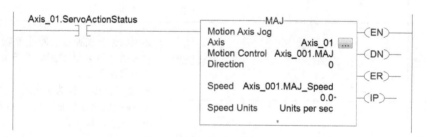

图 3-34　MAJ 指令示例

3.6.4　轴位移指令(MAM)

轴位移指令(MAM)可将轴移动到指定的位置。MAM 指令的操作数、数据类型及说明如表 3-25 所示,MAM 指令 MOTION_INSTRUCTION 结构如表 3-26 所示。

表 3-25　MAM 指令操作数、数据类型及说明

操作数	数据类型	格式	描述
轴	AXIS_VIRTUAL AXIS_GENERIC AXIS_SERVO AXIS_SERVO_DRIVE	标签	轴的名称 对于绝对值或增量主轴偏移位移,请输入从轴
运动控制	MOTION_INSTRUCTION	标签	指令的控制标签
运动类型	DINT	立即数 标签	要将轴移到一个绝对位置,使用的位移类型为绝对值,并且输入 0
			要将轴移到距当前位置的指令距离,使用的位移类型为增量,并且输入 1
			要将旋转轴以最短方向移到某个绝对位置(不管其当前位置如何),使用的位移类型为绝对旋转最短路径,并且输入 2
			要将旋转轴以正的方向移到某个绝对位置(不管其当前位置如何),使用的位移类型为旋转正向,并且输入 3
			要将旋转轴以负的方向移到某个绝对位置(不管其当前位置如何),使用的位移类型为旋转负向,并且输入 4
			要将位置凸轮主轴值偏移到一个绝对位置,使用的位移类型为绝对主轴偏移,并且输入 5
			要将位置凸轮主轴值偏移一个增量距离,使用的位移类型为增量主轴偏移,并且输入 6
位置	REAL	立即数 标签	● 对于绝对值,输入要位移到的位置 ● 对于增量,输入要位移的距离 ● 对于旋转最短路径、旋转正向、旋转负向,输入要位移到的位置(输入一个小于位置退绕值的正值) ● 对于绝对主轴偏移,输入绝对偏移位置 ● 对于增量主轴偏移,输入增量偏移距离
速度	REAL	立即数 标签	移动轴的速度,采用速度单位
速度单位	DINT	立即	速度使用的单位: • 单位/s(0) • 最大值%(1)
加速度	REAL	立即数 标签	轴的加速度,采用加速度单位

(续表)

操作数	数据类型	格式	描述
加速度单位	DINT	立即	加速度使用的单位: • 单位/s²(0) • 最大值%(1)
减速度	REAL	立即数标签	轴的减速度,采用减速度单位
减速度单位	DINT	立即	减速度使用的单位: • 单位/s²(0) • 最大值%(1)
模式	DINT	立即	选择运行位移的速度模式: • 梯形(0) • S曲线(1)
加速跃度	REAL	立即数标签	只有当模式为S曲线时,指令才会使用跃度操作数,但是始终都要填写跃度值 • 加速跃度是轴的加速跃度值 • 减速度跃度是轴的减速度跃度值 使用这些值起步:
减速度跃度	REAL	立即数标签	• 加速度跃度=100 • 减速度跃度=100 • 跃度单位=2(时间) 也可以使用以下跃度单位输入跃度值:
跃度单位	DINT	立即	• 单位/s³(0) • 最大值%(1)
合并	DINT	立即	是否要将所有当前轴运动变成由这个指令控制的纯位移,而不管当前正在进行的运动控制指令如何 • 否——选择禁止(0) • 是——选择使能(1)
合并速度	DINT	立即	如果合并被使能,需要以什么速度位移 • 此指令的速度——选择编程(0) • 轴的当前速度——选择当前(1)

表3-26 MAM指令 MOTION_INSTRUCTION 结构

要查看的内容	检查这个位是否被设置	数据类型	注意
是否从假到真的过渡将导致这个指令执行	EN	BOOL	EN位保持设置状态,直到过程完成、梯级变为假为止
位移是否被成功发起	DN	BOOL	
是否出现错误	ER	BOOL	

（续表）

要查看的内容	检查这个位是否被设置	数据类型	注意
轴是否正在向结束位置位移	IP	BOOL	以下操作中的任何一个都会停止此位移，并清除 IP 位： • 轴到达结束位置 • 另外一条 MAM 指令取代这条 MAM 指令 • MAS 指令 • 来自另一条指令的合并 • 关闭命令 • 故障操作
轴是否处于结束位置	PC	BOOL	• PC 位保持设置状态，直到梯级进行一次从假到真的过渡 • 在轴到达结束位置之前，如果其他某个操作停止该位移，则 PC 位保持清除状态

示例：如图 3-35 所示，"Axis_All. Initial"为回零点开关，当开关闭合，轴 1 以 5 单位/s 的速度移动到零点。

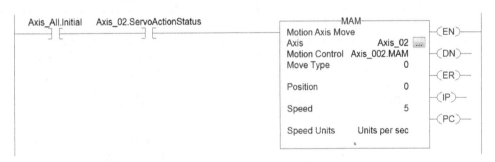

图 3-35　MAM 指令示例

3.7　运动协调指令

3.7.1　运动直线插补指令（MCLM）

运动直线插补指令（MCLM）可以在笛卡儿坐标系内的指定轴上发起一维或多维线性协调运动。用户可以将新位置定义为绝对位置或者增量位置。MCLM 指令的操作数、数据类型及说明如表 3-27 所示，MCLM 指令 MOTION_INSTRUCTION 结构如表 3-28 所示。

表 3-27　MCLM 指令操作数、数据类型及说明

操作数	数据类型	格式	说明
坐标系	COORDINATE_SYSTEM	标签	轴的协调组
运动控制	MOTION_INSTRUCTION	标签	用于访问指令状态参数的结构
运动类型	SINT、INT 或 DINT	立即或标签	选择运动类型： 0＝绝对值 1＝增量
位置	REAL	数组标签[ ]	[协调单位]
速度	SINT、INT、DINT 或 REAL	立即或标签	[协调单位]
速度单位	SINT. INT 或 DINT	立即	0＝单位/s 1＝最大值％
加速度	SINT、INT、DINT 或 REAL	立即或标签	[协调单位]
加速度单位	SINT、INT 或 DINT	立即	0＝单位/s^2 1＝最大值％
减速度	SINT、INT、DINT 或 REAL	立即或标签	[协调单位]
减速度单位	SINT、INT 或 DINT	立即	0＝单位/s^2 1＝最大值％
模式	SINT. INT 或 DINT	立即	0＝梯形 1＝S曲线
加速跃度	SINT、INT、DINT 或 REAL	立即或标签	必须始终为加速度和减速度跃度操作数输入值。如果模式操作数配置为 S 曲线，这个指令仅使用该值用以下跃度单位输入跃度值： 0＝单位/s^3 1＝最大值％ 2＝时间％
减速度跃度	SINT、INT、DINT 或 REAL	立即或标签	
跃度单位	SINT、INT 或 DINT	立即或标签	使用这些值起步： • 加速度跃度＝100（时间％） • 减速度跃度＝100（时间％） • 跃度单位＝2
终止类型	SINT、INT 或 DINT	立即或标签	0＝实际容差 1＝无安排 2＝命令容差 3＝无减速 4＝轮廓跟踪速度限制 5＝轮廓跟踪速度无限制
合并	SINT、INT 或 DINT	立即	0＝已禁止 1＝协调运动 2＝全部运动
合并速度	SINT、INT 或 DINT	立即	0＝编程值 1＝当前值

表 3-28 MCLM 指令 MOTION_INSTRUCTION 结构

记忆单元	描述
.EN(启用)位 31	当梯级从假过渡到真时,启用位被设置;当梯级从真过渡到假时,启用位被复位
.DN(完成)位 29	当协调指令被成功验证并排队后,完成位被设置。由于它是在排队后被设置,因此在它离开队列后校对操作时,可能会因为运行时间错误而显示为被设置。当梯级从假过渡到真时,完成位被复位
.ER(错误)位 28	当梯级从假过渡到真时,错误位被复位;当协调运动未成功发起时,错误位被设置;当排队的指令遇到运行时间错误时,错误位也可能与完成位一起被设置
.IP(正在进行)位 26	当协调运动被成功发起后,正在进行位被设置;当没有后续运动而且协调运动到达新位置,或者有后续运动而且协调运动到达终止类型的指定位置,或者协调运动被其他合并类型为协调运动的 MCLM 或 MCCM 指令所取代,或者被 MCS 指令终止时,正在进行位将被复位
.AC(活动)位 23	当您的协调运动指令已经排队时,活动位可让您了解哪个指令在控制运动;当协调运动变为活跃时,活动位被设置;当过程完成位被设置,或者当指令被停止时,活动位被复位
.PC(过程完成)位 27	当梯级从假过渡到真时,过程完成位被复位;当没有后续运动而且协调运动到达新位置,或者有后续运动而且协调运动到达终止类型的指定位置时,过程完成位将被复位
.ACCEL(加速)位 01	当协调运动处于加速阶段时,加速位被设置;当协调运动处于恒定速度或减速阶段,或者协调运动结束时,加速位被复位
.DECEL(减速)位 02	当协调运动处于减速阶段时,减速位被设置;当协调运动处于恒定速度或加速阶段,或者协调运动结束时,减速位被复位

示例:如图 3-36 所示,"switch_run"开关闭合,"switch_step"等于 1,程序执行直线插补运动。

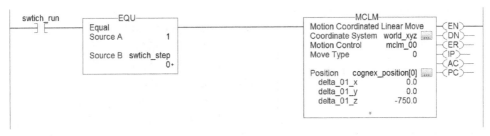

图 3-36 MCLM 指令示例

3.7.2 运动插补停止指令(MCS)

运动插补停止指令(MCS)发起协调运动的控制停止。任何挂起的运动模式都被取消。

MCS 指令的操作数、数据类型及说明如表 3-29 所示，MCS 指令 MOTION_INSTRUCTION 结构如表 3-30 所示。

表 3-29　MCS 指令操作数、数据类型及说明

操作数	数据类型	格式	说明
坐标系	COORDINATE_SYSTEM	标签	坐标系的名称
运动控制	MPOTION_INSTRUCTION	标签	指令的控制标签
停止类型	DINT	立即	如果要停止坐标系轴的所有运动，停止坐标系参与的任何坐标转换，选择的停止类型为全部(0)
			如果仅停止协调运动，选择的停止类型为协调运动(2)
			如果要取消坐标系参与的任何坐标转换，选择的停止类型为协调坐标转换(3)
变更减速度	DINT	立即	如果需要使用坐标系的最大减速度指定减速度，那么选择否(0)
			如果需要指定减速度，那么选择是(1)
减速度	REAL	立即或标签	重要事项：如果在运动进行之中降低减速度，则轴可能会过冲，超过其目标位置 沿着协调运动路径的减速，指令使用这个值： • 只有当变更减速指令为"是"时 • 仅适用于协调运动 输入大于 0 的值
减速度单位	DINT	立即	0＝单位/s^2 1＝最大值％
变更减速度跃度	SINT、INT 或 DINT	立即	0＝否 1＝是
减速度跃度	SINT、INT、DINT 或 REAL	立即或标签	必须始终为减速度跃度(坐标系的减速度跃度值)操作数输入值。如果模式配置为 S 曲线，这个指令仅使用该值 使用这些值起步： • 减速度跃度＝100(时间％) • 跃度单位＝2
跃度单位	SINT、INT 或 DINT	立即	0＝单位/s^3 1＝最大值％ 2＝时间％(使用这个值起步)

表 3-30　MCS 指令 MOTION_INSTRUCTION 结构

要查看的内容	检查这个位是否处于打开状态	数据类型	注意
梯级状态是否为真	EN	BOOL	有时候即使梯级变成假,EN 位仍保持开的状态。如果梯级在指令完成或出错之前变成假,就会出现这种情况
停止是否被成功发起	DN	BOOL	
是否出现错误	ER	BOOL	
轴是否正在停止	IP	BOOL	以下操作中的任何一个都会结束 MCS 指令,并关闭 IP 位: • 坐标系被停止 • 另外一条 MCS 指令取代这条 MCS 指令 • 关闭指令 • 故障操作
轴是否被停止	PC	BOOL	PC 位保持开的状态,直到梯级进行一次从假到真的过渡

示例:如图 3-37 所示,使用"switch_stop"开关将"switch_step"置 0,同时执行"MCS"语句来停止运动协调,令各电机停止。

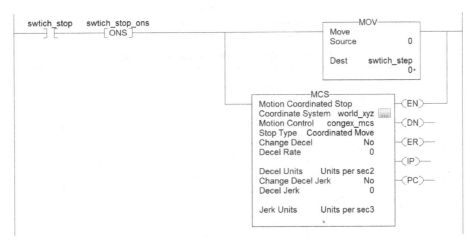

图 3-37　MCS 指令示例

3.7.3　运动插补坐标转换指令(MCT)

运动插补坐标转换指令(MCT)可以启动一个将两个坐标系连起来的转换。使用坐标转换的一种方法是将非笛卡儿机器人移动到笛卡儿坐标位置。

MCT 指令的操作数、数据类型及说明如表 3-31 所示,MCT 指令 MOTION_INSTRUCTION 结构如表 3-32 所示。

表 3-31　MCT 指令操作数、数据类型及说明

操作数	数据类型	格式	说明
源系统	COORDINATE_SYSTEM	标签	用于对该运动编程的坐标系。通常,这是笛卡儿坐标系
目标系统	COORDINATE_SYSTEM	标签	控制着实际设备的非笛卡儿坐标系
运动控制	MOTION_INSTRUCTION	标签	指令的控制标签
方位	REAL[3]	数组	希望绕着 X_1、X_2 或 X_3 轴旋转目标位置吗? 如果不是,那么将数组值保持为零 如果是,那么向数组内输入旋转的度数。在数组的第一个元素中填写绕着 X_1 旋转的度数,以此类推 使用三个 REAL 的数组,即使坐标系只有一个或两个轴
平移	REAL[3]	数组	希望沿着 X_1、X_2 或 X_3 轴偏移目标位置吗? 如果不是,那么将数组值保持为零 如果是,那么向数组内输入偏移距离。向坐标单位内输入偏移距离。在数组的第一个元素中填写 X_1 的偏移距离,以此类推 使用三个 REAL 的数组,即使坐标系只有一个或两个轴

表 3-32　MCT 指令 MOTION_INSTRUCTION 结构

要查看的内容	检查这个位是否处于打开状态	数据类型	注意
梯级状态是否为真	EN	BOOL	有时候即使梯级变成假,EN 位仍保持开的状态。如果梯级在指令完成或出错之前变成假,就会出现这种情况。
指令是否完成	DN	BOOL	指令完成后坐标转换继续运行
是否出现错误	ER	BOOL	标识运动控制标签的错误代码字段内列出的错误编号
坐标转换过程是否正在进行之中	IP	BOOL	下面操作中的任何一个都会取消坐标转换,并关闭 IP 位: • 适用的停止指令 • 关闭指令 • 故障操作

示例:如图 3-38 所示,使用 MCT 指令来执行从空间笛卡儿坐标系到 Delta 坐标系的转换。

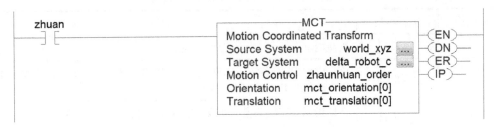

图 3-38　MCT 指令示例

3.8　其他常用指令

3.8.1　FIFO 装载/卸载指令(FFL/FFU)

FIFO 装载指令(FFL)属于输入指令,用于将源标签值复制到堆栈数组 FIFO。通常,Source 和 FIFO 为同一种数据类型。使能后,FFL 指令会将 Source 的值装载到 FIFO 中由".POS"值标识的位置。指令每使能一次,便会装载一个值,直至 FIFO 已满。FFL 指令的操作数、数据类型及说明如表 3-33 所示,FFL 指令 CONTROL 结构如表 3-34 所示。

表 3-33　FFL 指令操作数、数据类型及说明

操作数	数据类型	格式	说明
Source	SINT INT DINT REAL 字符串 结构	立即数 标签	要存储在 FIFO 内的数据
FIFO	SINT INT DINT REAL 字符串 结构	数组 标签	要修改的 FIFO 指定 FIFO 的第一个元素 不要在下标中使用 CONTROL.PSO
Control	CONTROL	标签	操作的控制结构 通常与关联的 FFU 使用相同的 CONTROL
Length	DINT	立即数	FIFO 可同时容纳元素的最多个数
Position	DINT	立即数	FIFO 中的下一个位置,指令将在其中装载数据 初始值通常为 0

注:Source 将转换为数组标签的数据类型。较小的整数将通过符号扩展转换为较大的整数。

表 3-34　FFL 指令 CONTROL 结构

助记符	数据类型	说明
. EN	BOOL	该使能位指示 FFL 指令是否能使能
. DN	BOOL	该完成位置位时指示 FIFO 已满(. POS＝. LEN)。. DN 位将禁止装载 FIFO,直到. PSO＜. LEN 为止
. EM	BOOL	空位指示 FIFO 为空。如果. LEN≤0 或. POS＜0,将置位. EM 位和 . DN位
. LEN	DINT	长度指定 FIFO 可同时容纳元素的最多个数
. POS	DINT	位置标识 FIFO 中的位置,指令将在其中装载下一个值

示例:如图 3-39 所示,使能后,FFL 指令会将 value_1 装载到 FIFO 中的下一个位置,见图 3-40(在本示例中是 array_dint[5])。

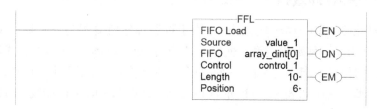

图 3-39　FFL 指令示例

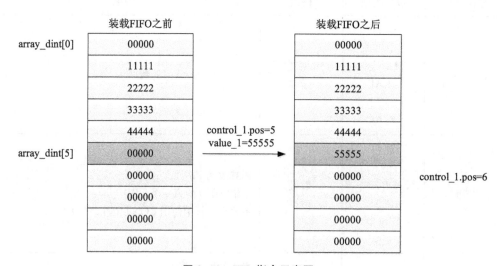

图 3-40　FFL 指令示意图

FIFO 卸载(FFU)指令属于输出指令,用于卸载堆栈数组 FIFO 中位置 0(第一个位置)的值,并将该值存储在目标标签中。FIFO 中其余的数据将下移一个位置。使能后,FFU 指令将从 FIFO 的第一个元素中卸载数据,并将该值放在 Destination 中。指令每使能一个值,便会卸载一个值,直到 FIFO 清空为止。如果 FIFO 为空,FFU 将 0 放回 Destination 中。FFU 指令的操作数、数据类型及说明如表 3-35 所示,FFU 指令 CONTROL 结构如表 3-36 所示。

表 3-35 FFU 指令操作数、数据类型及说明

操作数	数据类型	格式	说明
FIFO	SINT INT DINT REAL 字符串 结构	数组 标签	要修改的 FIFO 指定 FIFO 的第一个元素不要在下标中使用 CONTROL.PSO
Destination	SINT INT DINT REAL 字符串 结构	立即数 标签	从 FIFO 卸载的值
Control	CONTROL	标签	操作的控制结构通常与关联 FFU 使用相同的 CONTROL
Length	DINT	立即数	FIFO 可同时容纳元素的最多个数
Position	DINT	立即数	FIFO 中的下一个位置，指令将从其中卸载数据 初始值通常为 0

注：Destination 的值将转换为目标标签的数据类型。较小的整数将通过符号扩展转换为较大的整数。

表 3-36 FFU 指令 CONTROL 结构

助记符	数据类型	说明
.EU	BOOL	该使能卸载位指示 FFU 指令是否能使能。置位.EU 位，防止程序扫描开始时出现错误卸载
.DN	BOOL	该完成位置位时指示 FIFO 已满(.POS＝.LEN)
.EM	BOOL	空位指示 FIFO 为空。如果.LEN≤0 或.POS＜0，将置位.EM 位和.DN 位
.LEN	DINT	长度指定 FIFO 可同时容纳元素的最多个数
.POS	DINT	位置标识装载到 FIFO 中的数据的末尾

FFL 指令可以和 FFU 指令配合使用，按照先入先出的顺序存储和检索数据。成对使用时，FFL 指令和 FFU 指令将建立一个异步移位寄存器。

示例：如图 3-41 所示，使能后，FFU 指令将 array_dint[0]卸载到 value_2 中，并对 array_dint 中其余的元素进行移位。FFU 指令示意图如图 3-42 所示。

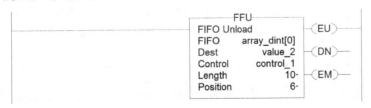

图 3-41　FFU 指令示例

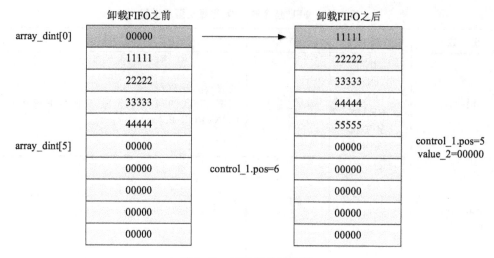

图 3-42　FFU 指令示意图

3.8.2　跳转至子例程指令(JSR)

跳转至子例程指令(JSR)属于输出指令,该指令可以使程序跳转到其他例程。子例程(SBR)和返回(RET)指令是可选指令,它们可以和 JSR 指令交换数据。JSR 指令的操作数、数据类型及说明如表 3-37 所示。

表 3-37　JSR 指令操作数、数据类型及说明

操作数	名称	数据类型	格式	说明
Routine name	例程名称	ROUTINE	名称	要执行的例程(即子例程)
Input parameter	输入参数	BOOL SINT INT DINT REAL 结构	立即数 标签 数组标签	该例程中要复制到子例程中的标签的数据 • 输入参数是可选的 • 必要时可输入多个输入参数
Return parameter	返回参数	BOOL SINT INT DINT REAL 结构	标签 数组标签	该例程中要将子例程的结果复制到数组上的标签 • 返回参数是可选的 • 必要时可输入多个返回参数

示例:如图 3-43 所示,将子程序命名为 pre_action02,当开关"tiaozhuan"闭合后,可以使程序由主程序跳转到子程序。

图 3-43　JSR 指令示例

3.8.3　传送指令(MOV)

传送指令(MOV)用于将 Source 复制到 Destination。Source 保持不变。MOV 指令的操作数、数据类型及说明如表 3-38 所示。

表 3-38　MOV 指令操作数、数据类型及说明

操作数	数据类型	格式	说明
Source	SINT INT DINT REAL	立即数 标签	要移动(复制)的值
Destination	SINT INT DINT REAL	标签	要存储结果的标签

注：SINT 或 INT 标签将通过符号扩展转换为 DINT 值。

示例：如图 3-44 所示，将 value_1 中的数据移动到 value_2。

图 3-44　MOV 指令示例

3.8.4　通信指令(MSG)

通信指令(MSG)可从网络中的另一个模块异步读取数据块或向其异步写入数据块。MSG 指令的操作数、数据类型及说明如表 3-39 所示，MSG 错误代码如表 3-40 所示，MSG 指令波形如图 3-45 所示，图中下方数据 1、2、3、4、5、6 代表 MSG 指令传送数据的元素，每个元素尺寸取决于所指定的数据类型和所使用的信息命令类型。

表 3-39　MSG 指令操作数、数据类型及说明

操作数	数据类型	格式	说明
Message control	MESSAGE	标签	MESSAGE 结构

表 3-40　MSG 错误代码

错误代码(十六进制)	说明	软件中显示的内容
0001	连接故障(参见扩展错误代码)	
0002	资源不足	
0003	无效值	
0004	IOI 语法错误(参见扩展错误代码)	
0005	目标未知、级别不支持、实例未定义或结构元素未定义(参见扩展错误代码)	
0006	数据包空间不足	
0007	连接断开	
0008	服务不支持	
0009	数据段中有错误或属性值无效	
000A	属性列表错误	
000B	状态已存在	
000C	对象模型冲突	
000D	状态已存在	
000E	属性无法设置	
000F	权限被拒绝	
0010	设备状态冲突	与说明中的内容相同
0011	应答不合适	
0012	片段原型	
0013	命令数据不足	
0014	属性不支持	
0015	数据过多	
001A	网桥请求太大	
001B	网桥响应太大	
001C	缺少属性列表	
001D	属性列表无效	
001E	嵌入式服务错误	
001F	连接相关故障(参见扩展错误代码)	
0022	收到无效应答	
0025	关键段错误	
0026	无效 IOI 错误	
0027	列表中存在非预期属性	
0028	DeviceNet 错误——子元素 ID 无效	
0029	DeviceNet 错误——子元素不可设置	

（续表）

错误代码(十六进制)	说明	软件中显示的内容
00D1	模块未处于运行状态	未知错误
00FB	信息端口不支持	
00FC	信息数据类型不支持	未知错误
00FD	信息未初始化	
00FE	信息超时	
00FF	常规错误(参见扩展错误代码)	

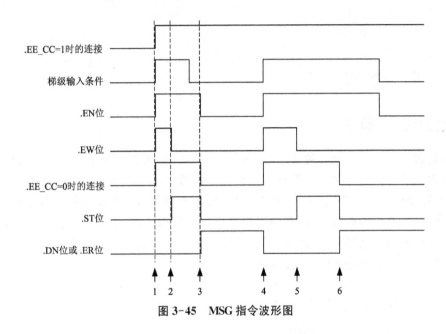

图 3-45　MSG 指令波形图

示例：如图 3-46 所示，使用 MSG 语句从 Micro850 控制器中读取编码器数据，并在该模块前加入反向开关，保证 MSG 指令不断执行。

图 3-46　MSG 指令示例

思考题

1. 若要实现 1769-L36ERM 控制器与 Micro850 控制器之间的通信，应使用哪个指令？
2. 若要实现 Delta 并联机器人运动，应使用哪个指令？
3. 若要使并联机器人每个轴单独运动，应使用哪些指令？

第四章　Delta 并联机器人教学应用实例

本章要点

- 应用实例概述
- 应用实例平台
- 硬件设备与组态
- 智能分拣程序设计
- 触摸屏界面设计

4.1　应用实例概述

本章的教学应用实例是一种基于 Delta 并联机器人的智能分拣系统设计。应用实例以罗克韦尔 PLC 控制器为核心,以罗克韦尔系列硬件设备和 Delta 并联机器人为平台,基于 EtherNet/IP 通信协议,利用工业相机实现对工件的智能分拣。智能分拣系统工作时,对传送带上移动的复杂工件进行捕获,利用图像处理技术获得工件的形状、位置等,并将所获得的工件信息传递给控制器,由控制器控制并联机器人对传送带上的工件进行抓取。

该应用实例中需要完成的主要内容包括:

(1) Delta 并联机器人的运动学分析。

(2) 罗克韦尔 PLC 控制器的编程。

(3) 工业相机对采集工件信息的处理。

(4) Studio 5000 Logix Designer 应用程序中的分拣算法设计。

(5) CCW 编程软件中的触摸屏设计。

4.2　应用实例平台

本应用实例的目的是通过罗克韦尔系列硬件设备,学习基于 Delta 并联机器人的分拣系统设计,如图 4-1 所示。该平台采用星形拓扑网络结构,通过以太网将多台设备连接,系统总体结构图如图 4-2 所示。分拣系统网络以交换机作为节点,以集中通信控制方式对各个节点间的通信进行控制管理。分拣系统采用 1769 - L36ERM 控制器作为 PLC 主控制器,通过 Kinetix 5500 伺服驱动器、伺服电机以及减速机组成的 Kinetix 5500 驱动系统,带动 Delta 并联机器人主动臂运动;采用 Micro850 48 点控制器作为 PLC 辅助控制器,与编码器进行通信,计算传送带运动距离,控制气泵的工作状态以及控制指示灯状态;采用康耐视工业相机进行工件识别和工件信息处理。

图 4-1　应用实例平台

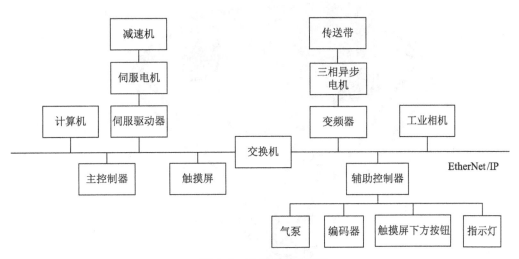

图 4-2　系统总体结构图

　　使用 Studio 5000 Logix Designer 应用程序编写主程序、分拣程序、触摸屏程序、报错程序、指示灯程序、轴参数程序、工件信息采集程序，将程序下载至 1769 - L36ERM 主控制器即可实现 Delta 并联机器人对工件的智能分拣；使用 CCW 编程软件编写程序，以达到对气泵、编码器、触摸屏下方按钮、系统信号灯的控制，将程序下载至 Micro850 48 点辅助控制器中即可。

　　采用 PanelView 800 触摸屏，对 Delta 并联机器人进行示教操作并使其自动执行工件分拣任务，还可实现对主动臂转动角度和 Delta 并联机器人末端运动参数的监测，这些可通过在 CCW 编程软件中进行触摸屏的设计来实现。

4.3 Delta 并联机器人运动学分析

4.3.1 结构分析

1. 结构模型

Delta 并联机器人通常由上下两个平台、三条支链、末端执行器及伺服电机等构成,如图 4-3 所示。上平台为定平台,又称静平台,在悬挂机器人时起固定作用。支链由主动臂与从动臂组成。主动臂与从动臂通过球铰连接组成三条相同的运动链,主动臂上端通过转动副与静平台相连,主动臂在伺服电机的驱动下运动,并通过运动副连接带动从动臂,实现动平台沿 X、Y、Z 三个方向的平移运动。从动臂是由四条相同的均质杆件与四个球铰组成的平行四边形结构,其主要作用是防止机器人在工作过程中发生扭曲变形以及稳定动平台。选用球铰的主要原因是球铰控制灵活,扭转角度大。下平台为动平台,动平台下端有一个类似于抓手的末端工作执行器,主要进行分拣工作。

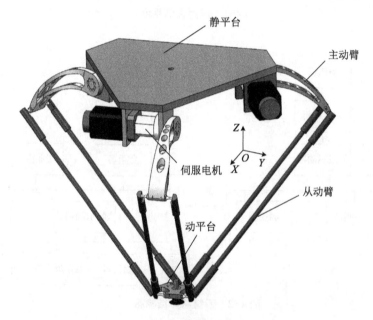

图 4-3 Delta 并联机器人基本结构

对于 Delta 并联机器人而言,动平台在运动的过程中只有平移没有转动,且从动臂始终保持平行四边形结构特性,而不会扭曲成为空间四边形,在此前提下,用三根虚拟杆件连接平行四边形上下两边的中点,引入三根虚拟杆件,代替原来的平行四边形结构,平行四边形左右两边的运动与虚拟杆件的运动相同。因此,Delta 并联机器人可以简化成如图 4-4 所示的结构简图。

图 4-4 中,以静平台的几何中心点为坐标原点 O 建立参考坐标系 $O\text{-}XYZ$,其中向量 $\boldsymbol{OA_1}$ 方向为 X 轴方向,向量 $\boldsymbol{A_3A_2}$ 方向为 Y 轴方向,垂直于静平台的方向为 Z 轴方向。静平台、动平台的端点分别为 A_1、A_2、A_3 和 B_1、B_2、B_3。O 是 $\triangle A_1A_2A_3$ 的外接圆圆心,

同样,点 P 是动平台的几何中心点,也是 $\triangle B_1B_2B_3$ 的外接圆圆心。设 R 为 $\triangle A_1A_2A_3$ 的外接圆半径, r 为 $\triangle B_1B_2B_3$ 的外接圆半径,主动臂长度 $|A_iC_i|=L_1$,从动臂长度 $|B_iC_i|=L_2$,θ_i 为 Delta 机器人驱动关节的旋转角,其中 $i=1,2,3$。

2. 自由度分析

由空间机构学理论可知,对于一般的空间机构,其自由度数目 F 可利用 Kutzbach-Grubley 公式来计算:

$$F=6(n-g-1)+\sum_{i=1}^{g}f_i \tag{4-1}$$

式中,F 是总的自由度个数;n 是总的构件个数;g 是总的运动副数;f_i 是第 i 个运动副所具有的自由度个数。

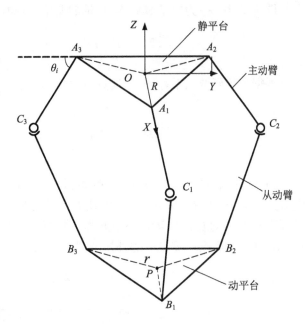

图 4-4　Delta 并联机器人结构简图

对 Delta 并联机器人结构简化模型进行自由度分析,其主动臂与静平台之间的转动副有 1 个自由度,球面副有 2 个自由度,即总的机构数 $n=8$,总的运动副数 $g=9$,因此第 i 个运动副所具有的自由度个数为:

$$\sum_{i=1}^{g}f_i=15 \tag{4-2}$$

将式(4-2)代入式(4-1),可得 Delta 并联机器人的自由度数为:

$$F=6(n-g-1)+\sum_{i=1}^{g}f_i=6\times(8-9-1)+15=3 \tag{4-3}$$

故本应用实例中的 Delta 并联机器人有 3 个自由度。进一步分析,每一组从动臂约束动平台两个方向的转动自由度,任意两组从动臂就能约束动平台三个方向的自由度,分别为沿 X、Y、Z 轴方向的平移自由度。

4.3.2　位置分析

位置分析是机器人运动学分析中的基本任务,是后续介绍雅可比矩阵、奇异性与工作空间分析的基础。Delta 并联机器人的位置分析是在结构简化模型的基础上,对其进行正向运动学和逆向运动学求解,也称位置正解和位置逆解的求解。

1. 位置正解分析

Delta 并联机器人位置正解是指已知机器人驱动关节的旋转角 θ_i,求解末端执行器中心点 P 相对参考坐标系的位置。一般来说,代数方法计算过程较为烦琐,这里以向量几何分析方法为例,对 Delta 并联机器人位置正解进行分析。

图 4-5 中，α_i 为向量 $\boldsymbol{OA}_i$ 与 X 轴的夹角，可知：

$$\alpha_i = \frac{2\pi}{3}i - \frac{2\pi}{3}, \ (i = 1, 2, 3) \tag{4-4}$$

根据三角函数关系，静平台端点 A_i 的坐标为：

$$\boldsymbol{OA}_i = \begin{bmatrix} R\cos\alpha_i \\ R\sin\alpha_i \\ 0 \end{bmatrix} \tag{4-5}$$

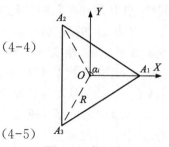

图 4-5 静平台结构参数

Delta 并联机器人位置正解模型如图 4-6 所示。在图 4-4 的基础上，将线段 C_1B_1、C_2B_2、C_3B_3 分别沿向量 $\boldsymbol{B}_1\boldsymbol{P}$、$\boldsymbol{B}_2\boldsymbol{P}$、$\boldsymbol{B}_3\boldsymbol{P}$ 平移，经过平移后的三个向量交于 $\triangle B_1B_2B_3$ 的外接圆圆心 P 点，也就是 Delta 并联机器人执行器末端的中心点，与平面 $C_1C_2C_3$ 的交点为点 D_1、D_2、D_3。取 $\triangle D_1D_2D_3$ 的外接圆圆心 E，D_1D_2 的中点 F，连接线段 OE、OP。

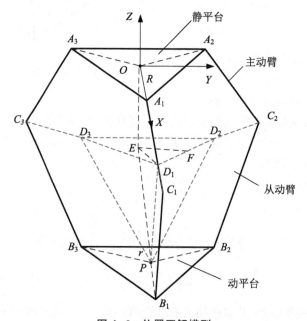

图 4-6 位置正解模型

由于主动臂的长度 $|\boldsymbol{A}_i\boldsymbol{C}_i| = L_1$，根据几何变换，可得点 C_i 的坐标：

$$\boldsymbol{OC}_i = \begin{bmatrix} (R + L_1\cos\theta_i)\cos\alpha_i \\ (R + L_1\cos\theta_i)\sin\alpha_i \\ -L_1\sin\theta_i \end{bmatrix} \tag{4-6}$$

故向量 $\boldsymbol{A}_i\boldsymbol{C}_i$ 表达式为：

$$\boldsymbol{A}_i\boldsymbol{C}_i = \boldsymbol{OC}_i - \boldsymbol{OA}_i = \begin{bmatrix} L_1\cos\theta_i\cos\alpha_i \\ L_1\cos\theta_i\sin\alpha_i \\ -L_1\sin\theta_i \end{bmatrix} \tag{4-7}$$

令末端执行器中心点 P 的坐标为 (x_P, y_P, z_P)，因向量 $\boldsymbol{B}_i\boldsymbol{P}$ 与 x 轴的夹角也是 α_i，可知点 B_i 坐标为：

$$\boldsymbol{OB}_i = \begin{bmatrix} x_P + r\cos\alpha_i \\ y_P + r\sin\alpha_i \\ z_P \end{bmatrix} \tag{4-8}$$

则向量 $\boldsymbol{BP}_i$ 的表达式为：

$$\boldsymbol{BP}_i = \begin{bmatrix} -r\cos\alpha_i \\ -r\sin\alpha_i \\ 0 \end{bmatrix} \tag{4-9}$$

因向量 $\boldsymbol{C}_i\boldsymbol{D}_i$ 与向量 $\boldsymbol{BP}_i$ 的方向、模相同，点 D_i 的坐标为：

$$\boldsymbol{OD}_i = \boldsymbol{OC}_i + \boldsymbol{C}_i\boldsymbol{D}_i = \boldsymbol{OC}_i + \boldsymbol{BP}_i = \begin{bmatrix} (R-r+L_1\cos\theta_i)\cos\alpha_i \\ (R-r+L_1\cos\theta_i)\sin\alpha_i \\ -L_1\sin\theta_i \end{bmatrix} \tag{4-10}$$

由图 4-6 可知，点 P 的坐标为：

$$\boldsymbol{OP} = \boldsymbol{OE} + \boldsymbol{PE} = \boldsymbol{OF} + \boldsymbol{FE} + \boldsymbol{PE} \tag{4-11}$$

下面对向量 $\boldsymbol{OF}$、向量 $\boldsymbol{EF}$、向量 $\boldsymbol{PE}$ 分别求解，即可得点 P 的坐标。

因为 $\triangle PD_1D_2$ 和 $\triangle ED_1D_2$ 均为等腰三角形，点 F 为 D_1D_2 的中点，则 $EF \perp D_1D_2$，$PF \perp D_1D_2$。由线面垂直定理，可得 $D_1D_2 \perp$ 平面 PEF，即得 $D_1D_2 \perp PE$。同理可证，$D_1D_3 \perp PE$，故 $PE \perp \triangle D_1D_2D_3$。

对于向量 $\boldsymbol{OF}$，因点 F 为 D_1D_2 的中点，向量 $\boldsymbol{OF}$ 可表示为：

$$\boldsymbol{OF} = \frac{1}{2}(\boldsymbol{OD}_1 + \boldsymbol{OD}_2) \tag{4-12}$$

对于向量 $\boldsymbol{FE}$，向量 $\boldsymbol{FE}$ 的模 $|\boldsymbol{FE}|$ 表示为：

$$|\boldsymbol{FE}| = \sqrt{|\boldsymbol{D}_1\boldsymbol{E}|^2 - |\boldsymbol{D}_1\boldsymbol{F}|^2} \tag{4-13}$$

式中，$D_1F = D_1D_2/2$；D_1E 是 $\triangle D_1D_2D_3$ 外接圆的半径。

由外接圆半径公式，通过联立方程组求得 $|\boldsymbol{D}_1\boldsymbol{E}|$：

$$\begin{cases} |\boldsymbol{D}_1\boldsymbol{E}| = \dfrac{|\boldsymbol{D}_1\boldsymbol{D}_2| \cdot |\boldsymbol{D}_1\boldsymbol{D}_3| \cdot |\boldsymbol{D}_2\boldsymbol{D}_3|}{4S} \\ S = \sqrt{p(p-|\boldsymbol{D}_1\boldsymbol{D}_2|)(p-|\boldsymbol{D}_1\boldsymbol{D}_3|)(p-|\boldsymbol{D}_2\boldsymbol{D}_3|)} \\ p = \dfrac{|\boldsymbol{D}_1\boldsymbol{D}_2| + |\boldsymbol{D}_1\boldsymbol{D}_3| + |\boldsymbol{D}_2\boldsymbol{D}_3|}{2} \end{cases} \tag{4-14}$$

故向量 $\boldsymbol{FE}$ 的单位向量 $\boldsymbol{n}_{FE}$：

$$\boldsymbol{n}_{FE} = \frac{\boldsymbol{D}_1\boldsymbol{D}_2 \times \boldsymbol{D}_1\boldsymbol{D}_3 \times \boldsymbol{D}_2\boldsymbol{D}_3}{|\boldsymbol{D}_1\boldsymbol{D}_2 \times \boldsymbol{D}_1\boldsymbol{D}_3 \times \boldsymbol{D}_2\boldsymbol{D}_3|} \tag{4-15}$$

故向量 FE 的表达式为：

$$FE = | \ FE \ | \ n_{FE} \tag{4-16}$$

对于向量 EP，向量 EP 的模 $| \ EP \ |$ 表示为：

$$| \ EP \ | = \sqrt{| \ D_1P \ |^2 - | \ D_1E \ |^2} \tag{4-17}$$

由 $EP \perp \triangle D_1D_2D_3$，可得 EP 的单位向量 n_{EP}：

$$n_{EP} = \frac{D_1D_2 \cdot D_2D_3}{| \ D_1D_2 \cdot D_2D_3 \ |} \tag{4-18}$$

故向量 EP 的表达式为：

$$EP = | \ EP \ | \ n_{EP} \tag{4-19}$$

至此，给定主动臂旋转角 θ_i 的值，就可求得 Delta 并联机器人末端执行器中点 P 的位置坐标，即正解推导完成。

2. 位置逆解分析

位置逆解是根据给定末端执行器中心点 P 的位置，求解 Delta 并联机器人驱动关节的旋转角 θ_i。根据上文的位置正解推导过程，可知主动臂端点 B_i、C_i 在参考坐标系 O -XYZ 中的坐标，在给定点 P 坐标的情况下，以从动臂的长度 L_2 为约束条件，求解方程即可求得到驱动关节的旋转角为 θ_i。

由于 $B_iC_i = OC_i - OB_i$，将式(4-6)、式(4-8)求得的点 C_i、B_i 点坐标代入，得：

$$B_iC_i = OC_i - OB_i = \begin{bmatrix} (R + L_1\cos\theta_i)\cos\alpha_i - x_P - r\cos\alpha_i \\ (R + L_1\cos\theta_i)\sin\alpha_i - y_P - r\sin\alpha_i \\ -L_1\sin\theta_i - z_P \end{bmatrix} \tag{4-20}$$

将 $| \ B_iC_i \ | = L_2$ 等式左边展开，得：

$$[(R - r + L_1\cos\theta_i)\cos\alpha_i - x_P]^2 + [(R - r + L_1\cos\theta_i)\sin\alpha_i - y_P]^2 + (-L_1\sin\theta_iz_P)^2 = L_2^2 \tag{4-21}$$

利用三角函数万能公式，将式(4-21)中的 $\sin\theta_i$、$\cos\theta_i$ 转化 $\tan\dfrac{\theta_i}{2}$ 的形式，令 $\tan\dfrac{\theta_i}{2} = t_i$，整理得到关于 t_i 的一元二次方程：

$$M_it_i^2 + N_it_i + Q_i = 0 \tag{4-22}$$

式中，M_i、N_i、Q_i 的值为：

$$\begin{cases} M_i = (R-r)^2 + x_P^2 + y_P^2 + z_P^2 + L_1^2 - L_2^2 + 2(L_1 - R + r)(x_P\cos\alpha_i + y_P\sin\alpha_i) - 2L_1(R-r) \\ N_i = 4z_PL_1 \\ Q_i = (R-r)^2 + x_P^2 + y_P^2 + z_P^2 + L_1^2 - L_2^2 + 2(r - R - L_1)(x_P\cos\alpha_i + y_P\sin\alpha_i) + 2L_1(R-r) \end{cases}$$

求解关于 t_i 的一元二次方程，得：

$$t_i = \frac{-N_i \pm \sqrt{B_i^2 - 4M_iQ_i}}{2M_i} \qquad (4\text{-}23)$$

则可得到 θ_i：

$$\theta_i = 2\arctan t_i \qquad (4\text{-}24)$$

至此，当给定末端执行器中心点 P 的位置，即可求得 Delta 并联机器人驱动关节旋转角 θ_i 的值，即逆解推导完成。

根据 Delta 并联机器人逆解的运算结果可得，每条主动臂对应的转角有两组解，三条主动臂组合起来一共会产生八组解，多解几何示意图如图 4-7 所示。

当主动臂的位置处在静平台的内侧，即端点 A_i 处的转角 $\theta_i > 90°$ 时，机器人各杆件之间发生干涉，从而损坏机构。因此，在实际应用场景中，当逆运动学产生多解时，应当选取主动臂均位于静平台外侧的一组解。

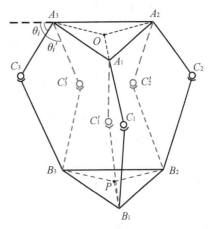

图 4-7　Delta 机器人逆运动学多解几何示意图

4.3.3　雅可比矩阵

雅可比矩阵是多维形式的导数，在机器人学中，通常使用雅克比矩阵表示机器人末端运动速度与驱动关节旋转角之间的线性关系。Delta 并联机器人的雅可比矩阵可表示为：

$$\dot{\boldsymbol{v}} = \boldsymbol{J}\dot{\boldsymbol{\theta}} \qquad (4\text{-}25)$$

式中，$\dot{\boldsymbol{v}} = [\dot{x}_p, \dot{y}_p, \dot{z}_p]^{\mathrm{T}}$ 是 Delta 并联机器人执行器末端的速度矢量，$\dot{\boldsymbol{\theta}} = [\dot{\theta}_1, \dot{\theta}_2, \dot{\theta}_3]^{\mathrm{T}}$ 是驱动关节旋转角的速度矢量。$\boldsymbol{J}$ 是机器人雅可比矩阵。

雅可比矩阵的求解方法有矢量积分法和微分变换法。矢量积分法通常用于结构复杂的机械臂运动学方程的求解，其运动学方程相对比较复杂。微分变换法通常用于结构简单的机械臂运动学方程的求解，其运动学方程相对较简单，可通过直接求导的方法求得其雅可比矩阵的表达式。本书的 Delta 并联机器人运动学方程相对较简单，可以用微分变换法求解雅可比矩阵，具体求解过程如下：

将约束方程式（4-21）中的参数 x_P、y_P、z_P、θ_i 求导求，得：

$$[x_P - (R-r)\cos\alpha_i - L_1\cos\alpha_i\cos\theta_i]\dot{x}_P + [y_P - (R-r)\sin\alpha_i - L_1\sin\alpha_i\cos\theta_i]\dot{y}_P + (z_P + L_1\sin\theta_i)\dot{z}_P = [L_1(R-r)\sin\theta_i - L_1\sin\theta_i(x\cos\alpha_i + y\sin\alpha_i) - L_1z\cos\theta_i]\dot{\theta}_i$$

$$(4\text{-}26)$$

令
$$\begin{cases} u_{i1} = x_P - (R-r)\cos\alpha_i - L_1\cos\alpha_i\cos\theta_i \\ u_{i2} = y_P - (R-r)\sin\alpha_i - L_1\sin\alpha_i\cos\theta_i \\ u_{i3} = z_P + L_1\sin\theta_i \\ k_i = -u_{i1} \cdot (L_1\cos\alpha_i\sin\theta_i) - u_{i2} \cdot (L_1\sin\alpha_i\sin\theta_i) - a_{i3} \cdot (L_1\cos\theta_i) \end{cases}$$

将式(4-25)化简为矩阵形式：

$$\begin{bmatrix} u_{11} & u_{12} & u_{13} \\ u_{21} & u_{22} & u_{23} \\ u_{31} & u_{32} & u_{33} \end{bmatrix} \begin{bmatrix} \dot{x}_P \\ \dot{y}_P \\ \dot{z}_P \end{bmatrix} = \begin{bmatrix} k_1 & 0 & 0 \\ 0 & k_2 & 0 \\ 0 & 0 & k_3 \end{bmatrix} \begin{bmatrix} \dot{\theta}_1 \\ \dot{\theta}_2 \\ \dot{\theta}_3 \end{bmatrix} \tag{4-27}$$

式(4-27)可以改写成：

$$\begin{bmatrix} \dot{x}_P \\ \dot{y}_P \\ \dot{z}_P \end{bmatrix} = \begin{bmatrix} u_{11} & u_{12} & u_{13} \\ u_{21} & u_{22} & u_{23} \\ u_{31} & u_{32} & u_{33} \end{bmatrix}^{-1} \begin{bmatrix} k_1 & 0 & 0 \\ 0 & k_2 & 0 \\ 0 & 0 & k_3 \end{bmatrix} \begin{bmatrix} \dot{\theta}_1 \\ \dot{\theta}_2 \\ \dot{\theta}_3 \end{bmatrix} \tag{4-28}$$

式(4-27)中，$\begin{bmatrix} u_{11} & u_{12} & u_{13} \\ u_{21} & u_{22} & u_{23} \\ u_{31} & u_{32} & u_{33} \end{bmatrix}$ 为正向雅可比矩阵，用 $\boldsymbol{J}_x$ 表示；$\begin{bmatrix} k_1 & 0 & 0 \\ 0 & k_2 & 0 \\ 0 & 0 & k_3 \end{bmatrix}$ 为机器

人逆向雅可比矩阵，用 $\boldsymbol{J}_\theta$ 表示，将式(4-28)进一步简化可得：

$$\dot{\boldsymbol{v}} = \boldsymbol{J}_x^{-1} \boldsymbol{J}_\theta \dot{\boldsymbol{\theta}} \tag{4-29}$$

故 Delta 并联机器人的雅可比矩阵为：

$$\boldsymbol{J} = \boldsymbol{J}_x^{-1} \boldsymbol{J}_\theta \tag{4-30}$$

在速度分析的基础上，在 $\dot{\boldsymbol{v}} = \boldsymbol{J} \dot{\boldsymbol{\theta}}$ 等式两边继续对时间求导数，化简整理后得其加速度：

$$\ddot{\boldsymbol{\theta}} = \boldsymbol{J}^{-1}(\ddot{\boldsymbol{v}} - \dot{\boldsymbol{J}} \dot{\boldsymbol{\theta}}) \tag{4-31}$$

至此，Delta 并联机器人驱动关节的速度与加速度已全部推导结束。

4.3.4 奇异性与工作空间分析

对奇异位形和工作空间的研究决定了机构是否能够正常稳定地运行。当出现奇异位形时，机构会出现自由度增加或者减少的情况，这会使机器人变得不可控。因此，在机器人运行过程中要避免奇异位形现象的出现，同时还要使工作空间最大化。

1. 奇异性

机器人的奇异性是轨迹规划和控制必须考虑的问题，它关系着机器人性能的稳定性。奇异位形是机器人雅可比矩阵降秩时所处的位形。当并联机器人处于奇异位时，自由度会增加或丢失。

与串联机器人相比，Delta 并联机器人属于多支链结构，其奇异位形的情况更加复杂。

式(4-30)中，当 $\boldsymbol{J}$ 矩阵不满秩时，其行列式的值为 0，此时，Delta 并联机器人会产生奇异现象。

当矩阵 $\boldsymbol{J}_x$ 不可逆，$\boldsymbol{J}_\theta$ 矩阵可逆时，$\boldsymbol{J}_x$ 中各向量线性相关，Delta 并联机器人三个从动臂至少有两条平行或三个从动臂共面，则 $\boldsymbol{J}_x$ 矩阵为奇异矩阵。此时，动平台的速度会产生瞬间不确定性。

当 $\boldsymbol{J}_x$ 矩阵不可逆，$\boldsymbol{J}_\theta$ 矩阵可逆时，主动臂的速度会产生瞬间不确定性。

当 $\boldsymbol{J}_x$、$\boldsymbol{J}_\theta$ 矩阵均不可逆时,机器人的主动臂和动平台的速度均会产生瞬时不确定性。

根据以上分析,Delta 并联机器人存在三类奇异位形,由于每类奇异位形都对应着多种姿态,这里分别列举各类奇异位形中的一种姿态。

第一种奇异位形如图 4-8(a)所示,机械臂三组从动臂共面,此时机械臂具有三个自由度,即绕着 X、Y 轴旋转的自由度及沿着 Z 轴的平移自由度。

第二种奇异位形如图 4-8(b)所示,机械臂三组从动臂中有两组从动臂互相平行,此时机械臂具有一个自由度,即垂直于四个从动臂杆件的平移自由度。

第三种奇异位形如图 4-8(c)所示,机械臂三组从动臂的杆件相互平行,此时的机械臂具有三个自由度,即沿着 X、Y 轴的平移自由度及绕着 Z 轴的旋转自由度。

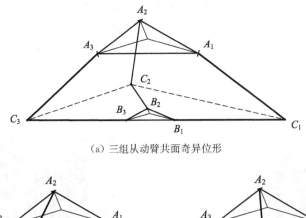

（a）三组从动臂共面奇异位形

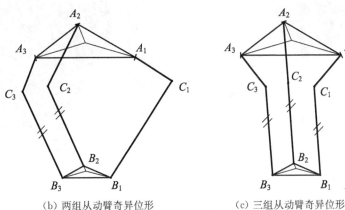

（b）两组从动臂奇异位形　　　　（c）三组从动臂奇异位形

图 4-8　奇异位形分析

2. 工作空间分析

Delta 机器人的工作空间是末端动平台所有能到达的位置的集合,它是衡量机器人工作性能的重要指标。项目案例中的 Delta 并联机器人机构参数见表 4-1。

表 4-1　Delta 并联机器人机构参数

机构名称	机构尺寸
静平台外接圆半径 R	280 mm
主动臂 L_1	326 mm
从动臂 L_2	791 mm
动平台外接圆半径 r	56 mm

由上述的位置分析可知道动平台位置与主动臂转角之间的对应关系,所以只要考虑影响 Delta 并联机器人工作空间的因素,给定合理的转角范围,就能得到有效的动平台运动范围。结合实际应用场景以及 Delta 并联机器人机构尺寸参数,将主动臂旋转角度限制在 $10°\sim90°$,然后将旋转角度区间 100 等份,这样一个主动臂旋转角度将会有 101 个值,三个主动臂就会产生 $101^3 = 1\,030\,301$ 组不同的角度值。通过运动学正解求得每一组角度值对应的机器人末端位置,在 Matlab 环境中将这些位置绘制成工作空间轮廓图,从而可以直观地看到 Delta 并联机器人的工作空间范围。

图 4-9(a)为 Delta 并联机器人可达工作空间的三维视图,图 4-9(b)为 Delta 并联机器人在 YOZ 平面的工作空间的投影,图 4-9(c)为 Delta 并联机器人在 XOZ 平面的工作空间的投影,图 4-9(d)为 Delta 并联机器人在 XOY 平面的工作空间的投影。通过分析生成的工作空间的轮廓图,得到 Delta 并联机器人在 X 轴方向上可达的大概范围为 $-520\sim+520$ mm,在 Y 轴方向上可达的大概范围为 $-500\sim+500$ mm,在 Z 轴方向上可达的大概范围为 $-1\,090\sim-550$ mm。

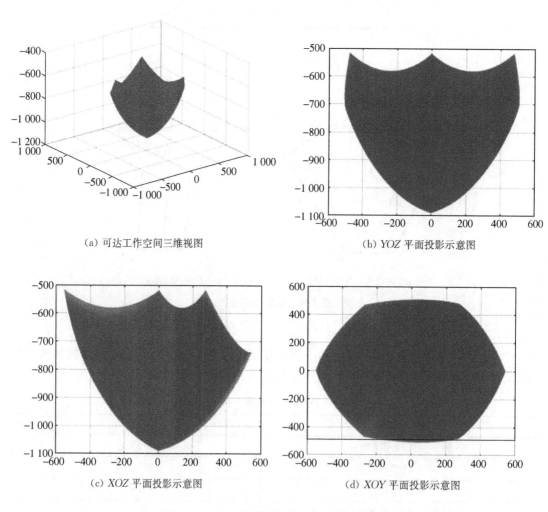

(a) 可达工作空间三维视图

(b) YOZ 平面投影示意图

(c) XOZ 平面投影示意图

(d) XOY 平面投影示意图

图 4-9　Delta 并联机器人工作空间示意图

在实际工况中,Delta 并联机器人主要完成抓取→平移→放置的操作任务,其运动路径主要在一个近似圆柱体的实际有效空间中,如图 4-10 所示。图 4-10 中,Delta 并联机器人的实际有效空间在 X 轴方向上的大概范围在 $-380\sim+380$ mm,在 Y 轴方向上的大概范围在 $-380\sim+380$ mm,在 Z 轴方向上的大概范围在 $-880\sim-680$ mm,构成一个直径 D 约为 760 mm,高度 h 约为 200 mm 的圆柱体,该实际有效工作空间能够满足 Delta 并联机器人在实际工程应用中轨迹运行的需求。

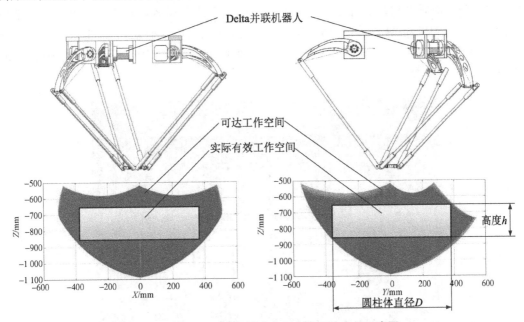

图 4-10　Delta 并联机器人实际有效工作空间示意图

4.4　硬件设备

4.4.1　PLC 主控制器

本实例中选用的 PLC 主控制器是 1769-L36ERM 控制器,如图 4-11 所示。在使用控制器前,首先要进行断电检查,确保其右侧端盖安装牢固,各接线孔螺丝未丢失。

接下来便需要进行线路的连接,控制器使用 220 V 交流供电即可。确认各连线准确无误后即可上电进行 IP 地址的配置。由于系统整体结构采用的是星形网络拓扑结构,因此将控制器上的一个以太网端口连接到网络即可。

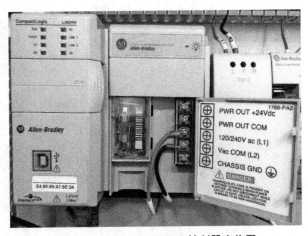

图 4-11　1769-L36ERM 控制器实物图

4.4.2　PLC辅助控制器

本实例中选用的PLC辅助控制器是型号为2080-LC50-48QWB的Micro850 48点控制器,如图4-12所示。最左侧为控制器的电源模块,连接220V交流电源;电源模块右侧为网口,Micro850 48点控制器通过以太网与其他硬件设备进行通信,所以此处插入网线。图4-13、图4-14分别为Micro850 48点控制器输入端、输出端的接线图,输入端接触摸屏,输出端接气泵、编码器和系统信号灯。Micro850 48点控制器输入端口中I-00~I-11是高速输入口,支持HSC高速计数,可用于连接编码器,本项目中编码器接在图4-13中I-06与I-07两个输入端口。在确保接线无误之后便可以上电,在CCW编程软件中进行IP地址的配置。

图4-12　Micro850控制器实物图

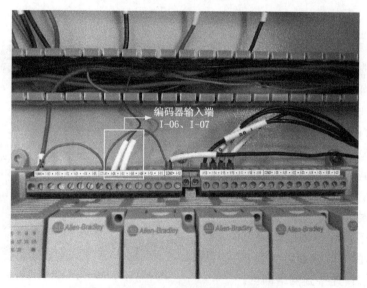

图4-13　Micro850控制器输入端接线图

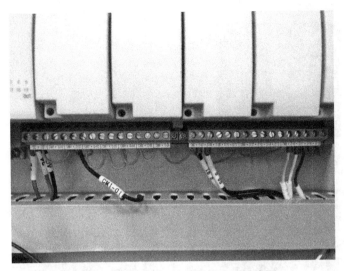

图 4-14　Micro850 控制器输出端接线图

4.4.3　驱动系统

在 Delta 并联机器人分拣系统中,Delta 并联机器人各关节需要伺服电机来为机器人提供动力,而伺服电机需要伺服驱动器来进行控制。本实例选取型号为 VPL-A1001-PJAA 的 VPL 系列低惯量伺服电机、型号为 DF090L2-30-16-80 的减速机以及型号为 2198-H008-ERS 的 Kinetix 5500 伺服驱动器构成驱动系统,通过对 Delta 并联机器人主动臂与上平台的夹角和机器人的运动速度进行控制,来实现对整体机器人的运动和位置姿态的控制。伺服电机和减速机实物如图 4-15 所示。

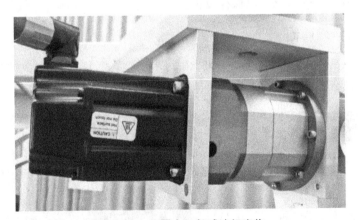

图 4-15　伺服电机与减速机实物

在使用 Kinetix 5500 伺服驱动器时需要对其五部分进行接线,包括 24 V 屏幕供电接口、动力电输入接口、动力电输出接口、编码器反馈接口以及安全断开扭矩。如图 4-16 所示,伺服驱动器的输出线路为 U、V、W 三根火线及地线,分别与对应的伺服电机接口连接。图 4-17 为伺服驱动器供电接线图,其中,①为动力输入输出接口,接 220 V 交流电;②为 24 V 屏幕供电接口;③为安全断开扭矩。

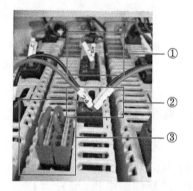

图 4-16　伺服驱动器正面接线图　　　　图 4-17　伺服驱动器供电接线图

接线完成后便可进行 IP 地址的配置,只需使用面板按钮在 EtherNet/IP 选项中修改即可,但要在配置完成后断电重启,以保存设置。

4.4.4　变频器与编码器

本实例采用 PowerFlex 525 交流变频器,该变频器可将 50 Hz 的交流电转变成 0~200 Hz 的可控交流电,以达到控制三相异步电机使传送带运动的目的,变频器的接线如图 4-18 所示。

图 4-18　变频器接线图

PlowerFlex 525 交流变频器接线主要为电源部分、通信部分与控制电机部分的接线。电源部分在 Power 接线端口处连接，采用两相输入的 220 V 交流电；通信部分使用网线将变频器的 EtherNet/IP 端口与其他设备连接，以进行以太网通信；电机控制部分在 Motor 接线端口处连接，由于使用三相异步电机控制传送带运动，分别在电机相连接端对 U、V、W 三相进行连接。确认各连线准确无误后即可上电配置 IP 地址，在显示屏上通过控制按钮进行参数设置即可。

本实例中，Delta 并联机器人的分拣虽已引入机器视觉对工件进行监测，但没有达到对重要物理量的全局监测，如传送带速度变化会引起分拣不及时或错误分拣的情况，所以需要引入编码器对传送带速度变化进行实时监测。通过计算，实现对分拣工件位置的实时监测。考虑传送带处安装编码器存在滑动的情况，本实例选取橡胶滚轮编码器，如图 4-19 所示。

图 4-19　编码器实物图

4.4.5　触摸屏

本实例中选用的触摸屏是型号为 2711R - T7T 的 PanelView 800 触摸屏，如图 4-20 所示。在触摸屏上既可对 Delta 并联机器人进行示教操作，也可自动执行工件分拣，并对主动臂转动角度等进行实时监控。触摸屏界面下的按钮从左至右分别为启动、停止、复位与急停按钮。当用户需要执行自动分拣时，按下启动按钮即可开始自动分拣工件；当按下停止按钮时，自动分拣停止；当触摸屏界面报错时，按下复位按钮即可对系统进行清错处理；当 Delta 并联机器人不可控时，按下急停按钮，系统即可停止运作。

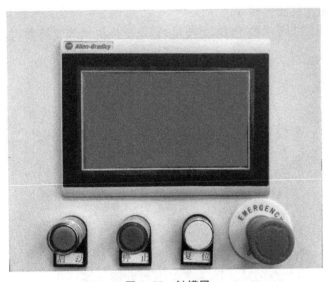

图 4-20　触摸屏

4.4.6　工业相机

本实例中选用的是康耐视 In-Sight 1000 系列工业相机，其基本参数见表 4-2。

表 4-2　In-Sight 1000 系列工业相机基本参数

技术参数	In-Sight 1000 系列工业相机
规格（mm）	30×30×60
CPU 额定处理速度	1 倍速

（续表）

技术参数	In-Sight 1000 系列工业相机
采集速率（帧/秒）	60
像素	640×480
工具	对斑点、边缘、曲线和直线定位的工具，直方图和几何工具，图像滤波器、图案匹配和标准校准工具，同时配有 In-Sight 非线性校准工具，其安装角度可达 45°
供电	采用基于 RJ-45 接口的 POE 供电方式，IEEE 802.3af 供电标准
触发方式	外界触发、自动触发
光学接口	CS 接口
防护等级	IP51，可抵挡大部分灰尘和垂直下落的水滴
支持协议	EtherNet/IP、PROFINET、Modbus TCP、TCP/IP、UDP、SLMP、CC-Link 等常用工业协议

如图 4-21 所示的工业相机采用了基于 RJ-45 接口的 POE 供电形式，本体供电与数据传输可通过一根集成线缆进行。相机连线十分简单，只需将线缆圆口端插入相机对应位置并旋紧，线缆另一头为 RJ-45 接口，插入交换机即可。

由于采用 POE 供电，需使用如图 4-22 所示的 POE 交换机，普通交换机虽然支持数据交换，但无法为相机供电。

图 4-21　In-Sight 1000 系列工业相机

图 4-22　POE 交换机

4.4.7　气泵与系统信号灯

本实例将气泵与 Delta 并联机器人动平台的末端执行器处的吸盘连接，用于吸取并下放工件，如图 4-23 所示。

系统信号灯用于显示 Delta 并联机器人分拣运行过程的状态,如图 4-24 所示。分拣系统报错时,系统信号灯为红色并处于闪烁状态,且会发出蜂鸣声;故障清除等待分拣时,系统信号灯为橙色;分拣运行时,系统信号灯为绿色。

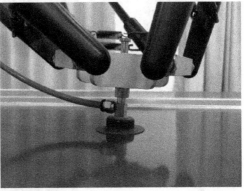

图 4-23　气泵连接吸盘

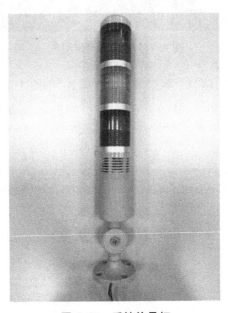

图 4-24　系统信号灯

4.5　硬件设备组态

4.5.1　触摸屏组态

在 CCW 编程软件中创建新项目,如图 4-25 所示,在弹出的"添加设备"窗口中的图形终端文件夹中的 PanelView 800 终端下选择型号为"2711R-T7T"的触摸屏。

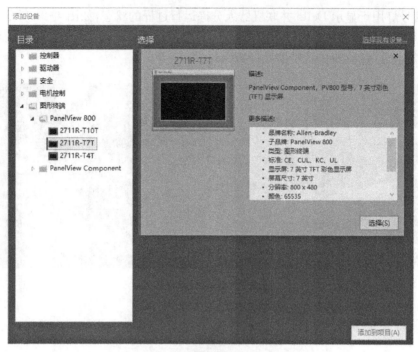

图 4-25　选择触摸屏型号

点击"选择"按钮后，弹出该型号触摸屏的具体描述，如图4-26所示。确认无误后，单击"添加到项目"，项目管理器中即有新添加的触摸屏相关信息，如图 4-27 所示。双击"PV800_App1*"，选择触摸屏界面方向，如图 4-28 所示。

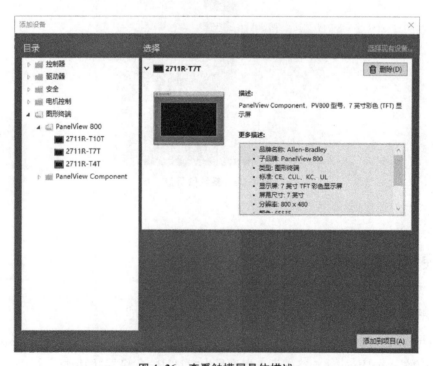

图 4-26　查看触摸屏具体描述

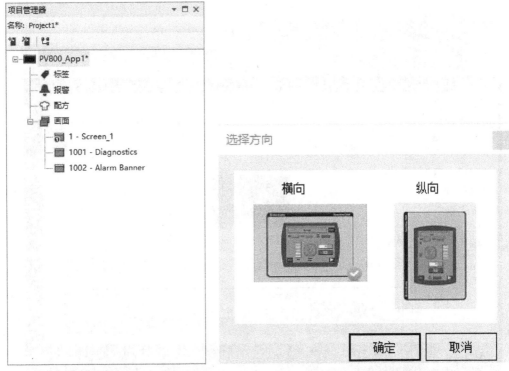

图 4-27 项目管理器中显示添加的设备　　图 4-28 选择触摸屏显示方向

设置通信协议为"EtherNet"→"Allen-Bradley CompactLogix",选择通信协议后,输入主控制器 IP 地址,以完成触摸屏与主控制器的通信,如图 4-29、图 4-30 所示。

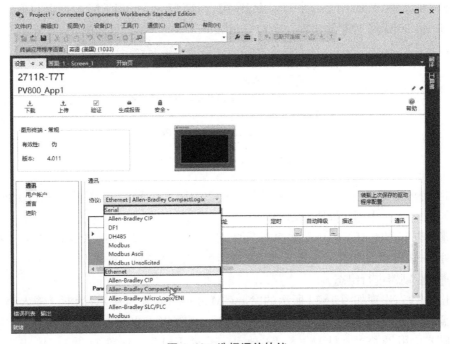

图 4-29 选择通信协议

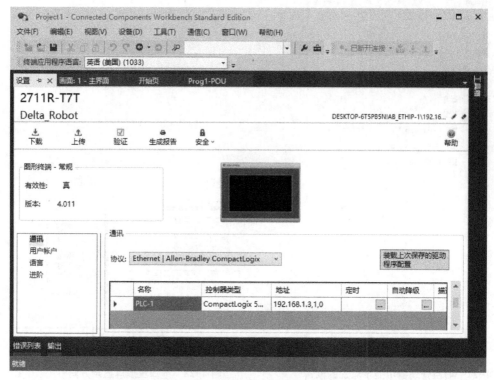

图 4-30　触摸屏与主控制器关联

4.5.2　伺服驱动器与变频器组态

在 Studio 5000 Logix Designer 应用程序中,创建 1769 - L36ERM 控制器的项目资源管理器,1769 - L36ERM 控制器出现在 I/O Configuration 文件夹下,如图 4-31 所示。

图 4-31　I/O Configuration 文件夹

由于伺服驱动器并未直接挂接在 1769 - L36ERM 控制器后,而是连接在以太网上,所以需要在 EtherNet 中创建伺服驱动器。

右键单击 I/O Configuration 文件夹下的"EtherNet",选择"New Module"(新建模块),弹出如图 4-32 所示的"选择 Module 类型"对话框,输入"5500",选择"2198 - H008 - ERS"型号的伺服驱动器进行组态。

单击"创建",出现如图 4-33 所示的"New Module"(新建模块)对话框。输入第一个伺服驱动器的名称"Axis_01",在"EtherNet Address"(以太网地址)区域中选择"Private Network"(专用网络)地址,输入 IP 地址(通过 RSLinx 软件查看)。单击"Module

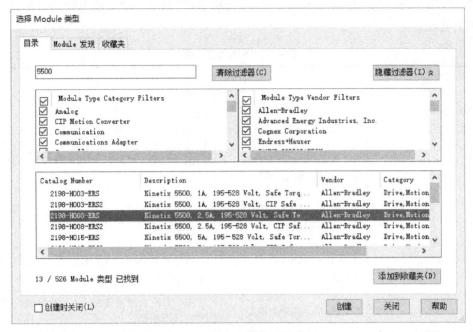

图 4-32　选择伺服驱动器型号

Definition"（模块定义）区域中的"Change"（更改），出现"Module Definition"（模块定义）对话框，在"Revision"（版本）选项中选择正确的版本号。

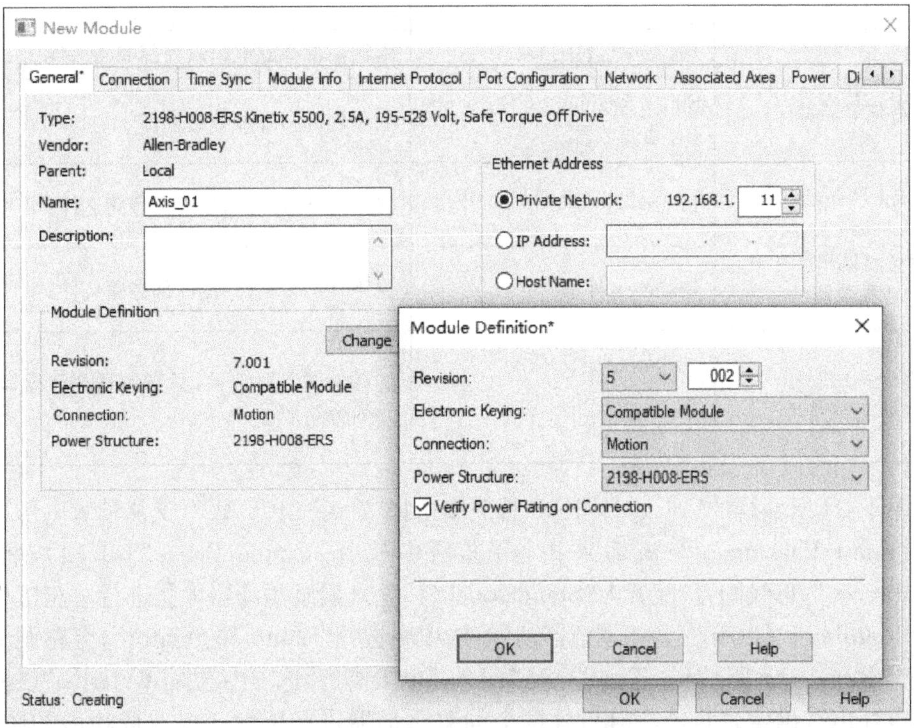

图 4-33　伺服驱动器属性设置

单击"OK"(确定)后,单击"Power"(电源)选项卡,对伺服驱动器的电源进行配置,电源选项说明见表4-3。

表4-3　电源选项说明

属性	菜单	说明
Voltage(电压)	• 400~480 VAC • 200~240 VAC	交流输入电压等级
AC Input Phasing (交流输入相位)	• Three Phase(三相) • Single Phase(单相)	输入电源相位。只有目录号 2198 - H003 - ERSx,2198 - H008 - ERSx 和 2198 - H015 - ERSx 的 Kinetix 5500 驱动器才可以单相运行
Bus Configuration (母线配)	Standalone(独立)	适用于单轴驱动器和具有共享交流输入配置的驱动器
	Shared AC/DC(共享交流/直流)	适用于具有共享交流/直流和共享交流/直流混合输入配置的整流器驱动器
	Shared DC(共享直流)	适用于具有共享直流输入(公共母线)配置的逆变器驱动器
Bus Sharing Group (母线共享组)	Standalone(独立)	适用于独立母线配置
	• Group1(组 1) • Group2(组 2) • Group3(组 3) ⋮	适用于任何共享母线配置
Shunt Regulator Action (旁路调节器动作)	Disabled(禁用)	禁用内部旁路电阻和外部旁路选件
	Shunt Regulator (旁路调节器)	启用内部和外部旁路选件
Shunt Regulator Resistor Type (旁路调节器 电阻类型)	Internal(内部)	启用内部旁路(禁用外部旁路选件)
	External(外部)	启用外部旁路(禁用内部旁路选件)
External Shunt (外部旁路)	• None(无) • 2097 - R6 • 2097 - R7	选择外部旁路选件,只显示适用于驱动器型号的旁路型号

如图 4-34 所示,在"Voltage"(电压)选项中选择"200~240VAC"(交流输入电压等级),在"AC Input Phasing"(交流输入相位)选项中选择"Single Phase"(单项),将"Bus Configuration"(母线配置)配置为"Standalone"(独立),伺服驱动器才能进行单相工作。在"Shunt Regulator Action"(旁路调节器动作)选项中选择"Shunt Regulator"(旁路调节器),在"Shunt Regulator Resistor Type"(旁路调节器电阻类型)选项中选择"External"(外部)。

单击"OK"(确定)后,依次对另外两个伺服驱动器进行配置。组态成功后如图 4-35 所示。

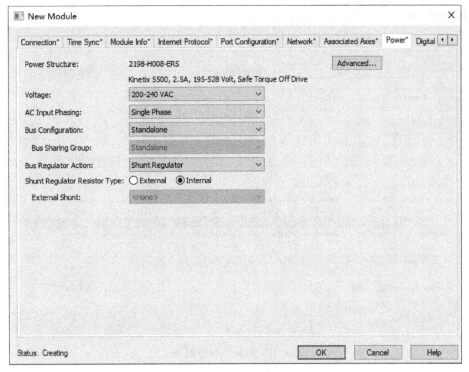

图 4-34　电源选项卡

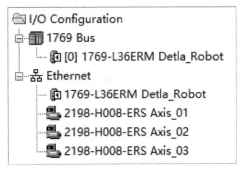

图 4-35　伺服驱动器组态完毕

变频器与伺服驱动器的组态类似。鼠标右键单击"I/O Configuration"文件夹下的"EtherNet",选择"New Module"(新建模块),弹出如图 4-36 所示的"选择 Module 类型"(选择模块类型)对话框,输入"PowerFlex 525",选择"PowerFlex 525-EENET"型号的变频器进行组态。

单击"创建",出现如图 4-37 所示的"New Module"(新建模块)对话框。输入变频器的名称,在"EtherNet Address"(以太网地址)区域中选择"Private Network"(专用网络)地址,输入 IP 地址(通过 RSLinx 软件查看)。单击"Module Definition"(模块定义)区域中的"Change"(更改),出现"Module Definition"(模块定义)对话框,在"Revision"(版本)选项中选择正确的版本号。变频器组态完毕如图 4-38 所示。

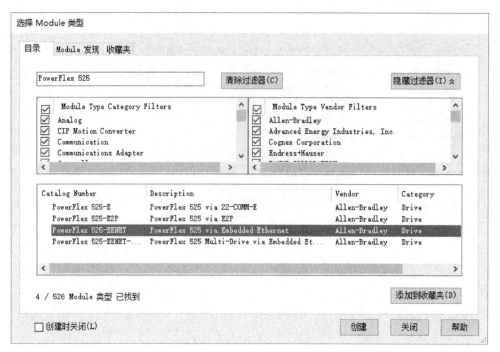

图 4-36 选择变频器型号

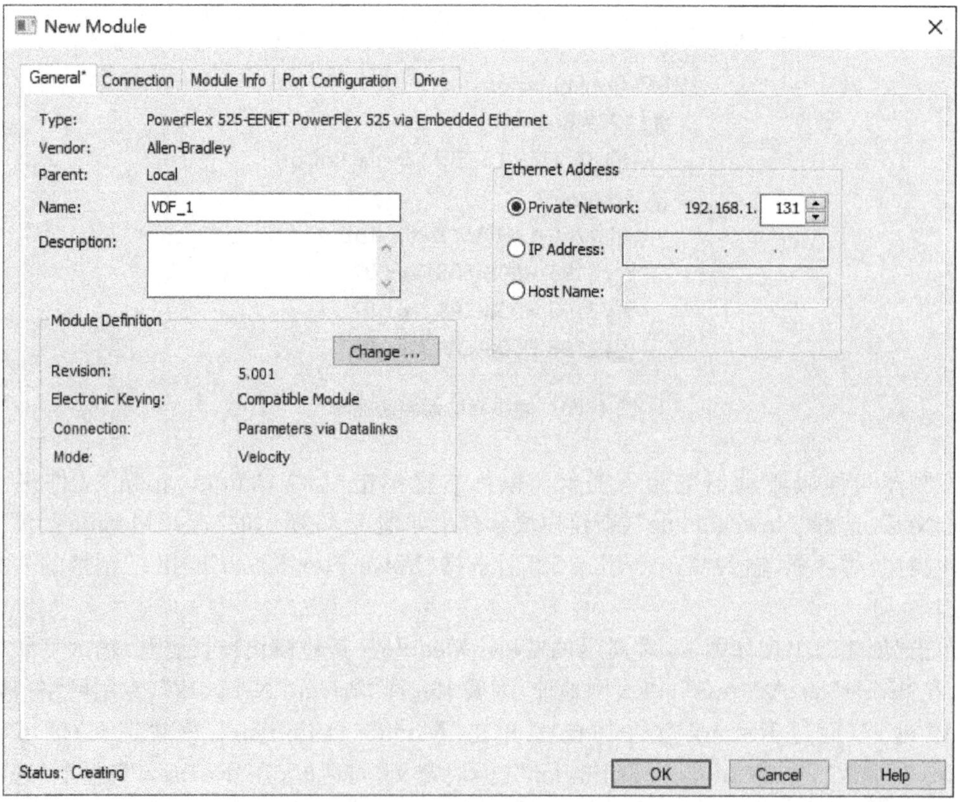

图 4-37 变频器属性设置

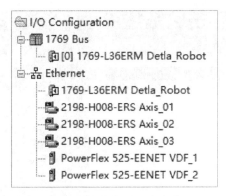

图 4-38　变频器组态完毕

4.5.3　工业相机组态

康耐视工业相机在使用时配套了专用的 In-Sight Explorer 开发软件 CompactLogix 系列 PLC 编程使用的是 Studio 5000 Logix Designer 应用程序,因此需要在两个平台中进行工业相机的组态。

1. In-Sight Explorer 开发软件中的组态

首先双击 [图标],启动 In-Sight Explorer 软件。单击菜单栏"系统",选择"将传感器/设备添加到网络",如图 4-39 所示。

图 4-39　将传感器/设备添加到网络

此处系统通过 MAC 地址扫描到所连接的工业相机,选中"使用下列网络设置"后,输入 IP 地址 192.168.1.2 及子网掩码 255.255.255.0,确认即可,如图 4-40 所示。

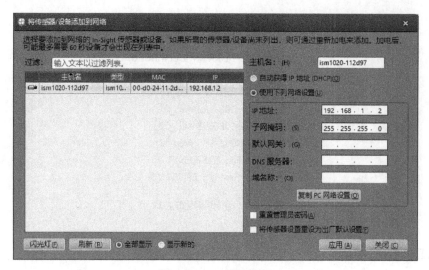

图 4-40　IP 地址设置

单击界面左侧"开始"栏中"已连接",如果添加成功就会在图 4-41 所示位置看到工业相机,但此时画面为静止的,需要继续进行各项配置。

图 4-41　连接传感器

选择左侧"设置图像"选项,选择下方的"实况视频"即可看到实时画面,具体图像如图 4-42

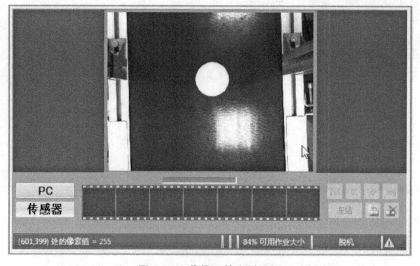

图 4-42　获得工件实时画面

所示。此时,需要手动调节摄像头的焦距和光圈。首先调整焦距,令图像清晰即可;其次调整光圈,原则是在保证物体对比度反差足够明显的前提下令光圈越小越好,以加快摄像头的图像处理速率,使画面更流畅;最后,由于光圈调整会改变之前的清晰度,因此需要再次调节焦距直到画面清晰、流畅。

如图 4-43 所示,退出实况视频将所示"触发器"的触发模式由"相机"改为"连续",则可以看到连续的画面。将触发器间隔尽可能缩短,将系统内的曝光时间尽可能调短,最大限度地保证视频的流畅性,提高实时识别的准确性。工业中常采用外加强散射光源的方法提高物体亮度,减小曝光时间。切记禁用自动曝光功能,使用自动曝光功能后系统会根据画面对比度自动调节曝光时间,这样会造成视频不间断卡顿,导致识别结果出现误差。

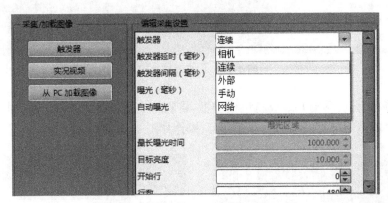

图 4-43　修改触发器触发模式

为标定模型的特征,再次点击"实况视频"进入脱机时的实时监测状态,将物体放置于摄像头下方使其出现在相机视野靠近中心处,单击"定位部件",此时画面会定格在最后一帧,如图 4-44 所示。

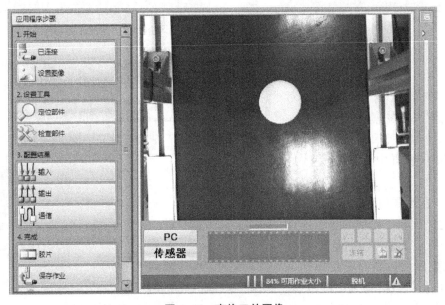

图 4-44　定格工件图像

双击"图案(1-10)"启用特征选取，如图 4-45 所示。

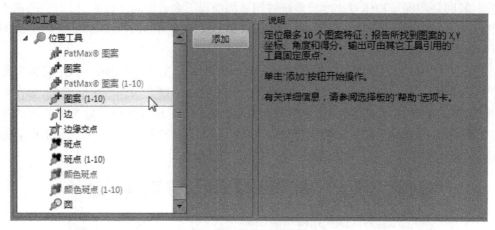

图 4-45　启用特征选取

以圆形特征为例，移动并缩放粉色模型框，将物体完全框住，这就是摄像头需要记忆的特征。完成之后点击下方的"确定"按钮即可，操作如图 4-46 所示。

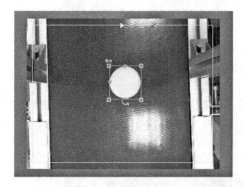

图 4-46　框选特征

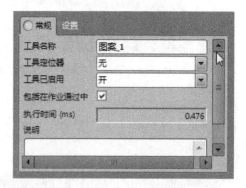

图 4-47　修改工件名称

如图 4-47 所示，对当前特征进行配置，在"常规"选项卡中可以对其进行命名（以"图案_1"为例）。

在图 4-48 所示的"设置"选项卡中设置在视野中查找该特征的数量。

（1）"合理阈值"为实际模型出现时与之前预定义模型的相似度百分比，如果大于这个值特征便会被识别，如果阈值过高会导致识别困难，如果阈值过低会导致识别错误。因此，要合理、正确地设置阈值，尤

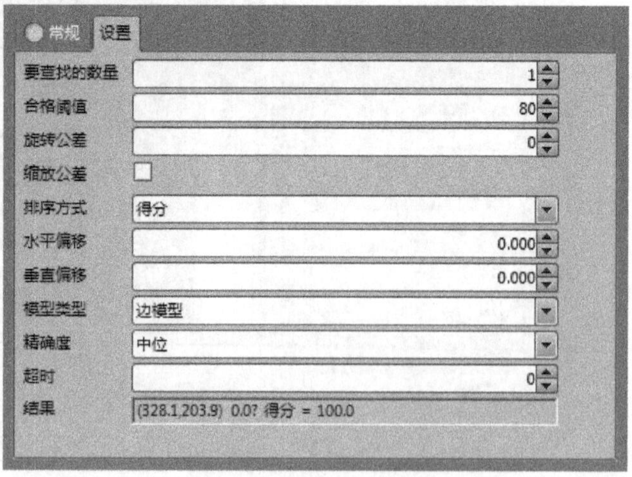

图 4-48　修改特征参数

其是多特征下的阈值,是需要进行大量实验来对阈值进行修正的。

(2)"旋转公差"为设定图形出现时与预定义特征的旋转偏差,由于特征是圆形,将此偏差设为 0 即可;若特征为正方形,需要将此偏差设置为 45,默认单位为度。

(3)"缩放公差"为与预定义模型的特征相同但大小不同的物体,如果选中此项,会增加摄像头的数据处理时间,造成卡顿,建议不要勾选。

(4)"模型类型"根据实际情况选择"边模型"或"面积模型",正确的配置会提高识别的成功率。

使用上述方法便可以分别添加多个特征,此处不再赘述。

以上介绍了特征的标定与配置。接下来便需要建立输出,实现 PLC 对于摄像头参数的读取。

如图 4-49 所示,选择左侧"通信"选项卡,单击"添加设备"后进行设备设置。如图 4-50 所示,在设备中选择"其它",在协议处选择"以太网/IP",以便与 PLC 通信。在确定之后便会在通信列表中看到新建的"以太网/IP"通信协议,如图 4-51 所示。

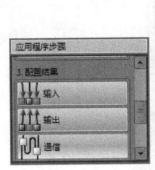

图 4-49　添加设备

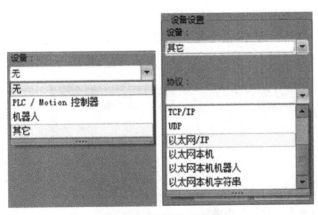

图 4-50　通信协议设置

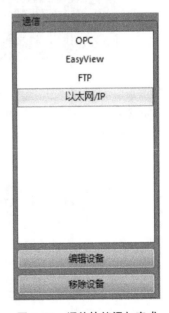

图 4-51　通信协议添加完成

如图 4-52 所示,点击"格式化输出数据",点击"添加"选择需要输出的参数。

展开后在图中界面选择"图案_1.状态""图案_1.定位器.X"并确认,将"圆形的状态"和"圆形在摄像头视野内的横向偏移量(单位为像素)"作为输出。以选择"图案_1.定位器.X"为例,如图 4-53 所示。

图 4-52 添加输出参数

图 4-53 选择输出数据

如图 4-54 所示,将二者的数据类型修改为 32 位整数,用同样的方法来添加方形和三角形对应的输出。在当前列表中数据会自动排序,第一个数据对应的是摄像头的 0 号输出,第二个数据对应的是 1 号输出,这一点在之后 Studio 5000 中调用摄像头数据时需明确。

图 4-54 修改数据类型

在完成上述操作后点击 按钮进行联机。

以上便是摄像头在 In-Sight Explorer 中的组态和配置的相关内容。

2. Studio 5000 Logix Designer 应用程序中的组态

由于康耐视工业相机是支持 EtherNet/IP 工业协议的,因此可以与罗克韦尔的 PLC 进行数据交换。我们可以像组态伺服驱动器一样，直接在 Studio 5000 Logix Designer 应用程序中对康耐视工业相机进行组态。

鼠标右键单击 I/O Configuration 文件夹下的"EtherNet"，选择"New Module"（新建模块），弹出如图 4-55 所示的"选择 Module 类型"对话框，输入"In-sight"，选择"In-Sight Micro Series"型号的工业相机进行组态。

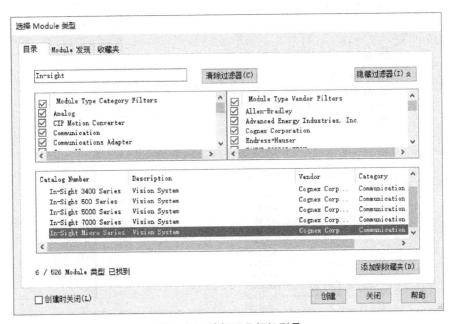

图 4-55　选择工业相机型号

单击"创建"，出现如图 4-56 所示的"New Module"（新建模块）对话框。输入工业相机的名称"camera"，在"EtherNet Address"（以太网地址）区域中选择"Private Network"（专用网络）地址，输入 IP 地址（通过 RSLinx 软件查看）。

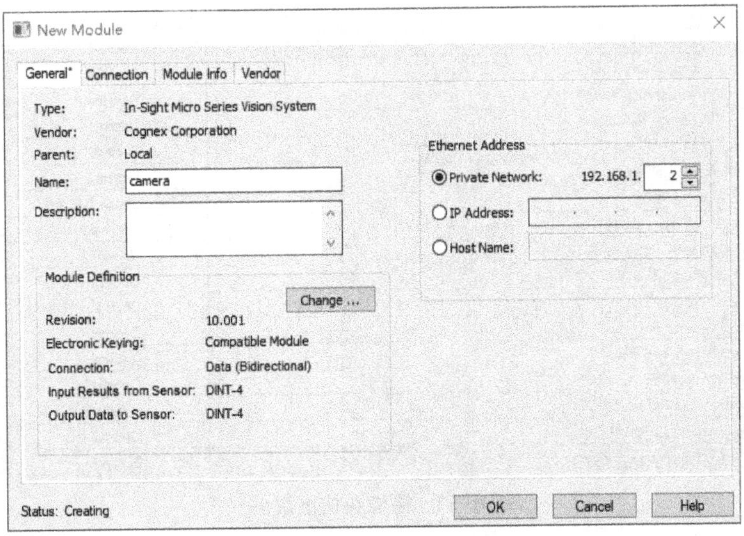

图 4-56　工业相机属性设置

如图 4-57 所示,单击"Module Definition"(模块定义)区域中的"Change"(更改),出现"Module Definition"(模块定义)对话框,在"Revision"(版本)选项中选择正确的版本号,并将"Input Results from Sensor"设为"DINT-16",含义为 16 个双整形变量,修改后持续确认即可。

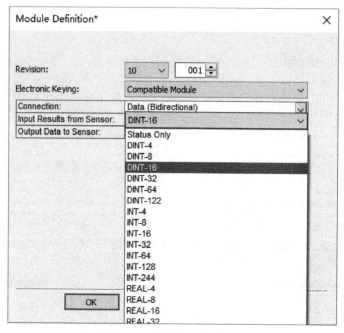

图 4-57 "模块定义"对话框

设置完成后,打开"Controller Tags"便会看到图 4-58 所示的 16 个摄像头的输出。其中"cognex: I. InspectionResults[0]"对应图中的"图案_1. 定位器. 状态","cognex: I. InspectionResults[1]"对应"图案_1. 定位器. X"。

+ cognex:I.Status		{...}	{...}		CC:InSight10_St
- cognex:I.InspectionResults		{...}	{...}	Decimal	DINT[16]
+ cognex:I.InspectionResults[0]		0		Decimal	DINT
+ cognex:I.InspectionResults[1]		0		Decimal	DINT
+ cognex:I.InspectionResults[2]		0		Decimal	DINT
+ cognex:I.InspectionResults[3]		0		Decimal	DINT
+ cognex:I.InspectionResults[4]		0		Decimal	DINT
+ cognex:I.InspectionResults[5]		0		Decimal	DINT
+ cognex:I.InspectionResults[6]		0		Decimal	DINT
+ cognex:I.InspectionResults[7]		0		Decimal	DINT
+ cognex:I.InspectionResults[8]		0		Decimal	DINT
+ cognex:I.InspectionResults[9]		0		Decimal	DINT
+ cognex:I.InspectionResults[10]		0		Decimal	DINT
+ cognex:I.InspectionResults[11]		0		Decimal	DINT
+ cognex:I.InspectionResults[12]		0		Decimal	DINT
+ cognex:I.InspectionResults[13]		0		Decimal	DINT
+ cognex:I.InspectionResults[14]		0		Decimal	DINT
+ cognex:I.InspectionResults[15]		0		Decimal	DINT

图 4-58 摄像头输出数据

4.5.4　坐标系统的创建

Delta 并联机器人在工作时涉及空间笛卡儿坐标系与 Delta 坐标系之间的转换,Delta 坐标系是基于三台互为 120°夹角的电机轴组成的,因此需要三个实轴的支撑;而空间笛卡儿坐标系不是真实存在的,因此需要建立三根虚轴。

在控制器项目管理器中,鼠标右键单击"Motion Groups"(运动控制组),选择"New Motion Group"(新建运动控制组),新建一个运动控制组,出现如图 4-59 所示的"New Tag"(新建标签)对话框,输入运动控制组的名称"Delta_Robot",单击"Create"(创建)。

每三个实轴组成一台 Delta 并联机器人,因此可根据实际电机数量来创建实轴,创建的实轴数要等于创建的伺服驱动器数,本实例中需要建立三个实轴。在 Motion Groups 文件夹中,鼠标右键单击"Delta_Robot",选择"New Axis"(新建轴)、"Axis_CIP_DRIVE"建立一个实轴,出现"New Tag"(新建标签)对话框,如图 4-60 所示,输入实轴名称,单击"Create"(创建),依次进行"Axis_01""Axis_02"和"Axis_03"三个实轴的创建。实轴创建完毕后如图 4-61 所示。

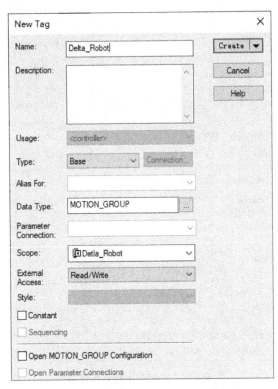

图 4-59　创建"Delta_Robot"运动组

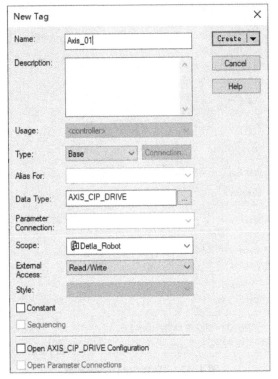

图 4-60　实轴命名

虚轴与实轴的创建类似。在"Miotion Groups"文件夹中,右键单击"Delta_Robot",选择"New Axis""Axis_VIRTUAL",出现"New Tag"(新建标签)的对话框,依次进行"Virtual_X""Virtual_Y"和"Virtual_Z"三个虚轴的创建。虚轴创建完毕后如图 4-62 所示。

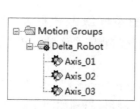

图 4-61 实轴创建完毕

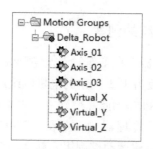

图 4-62 虚轴创建完毕

　　六个坐标轴创建完成后即可创建两种坐标系统,在"Miotion Groups"文件夹中,右键单击"Delta_Robot",选择"New Coordinate System"(新建坐标系统),出现"New Tag"(新建标签)的对话框,依次进行"Delta"和"World"两种坐标系统的创建,如图 4-63、图 4-64 所示。

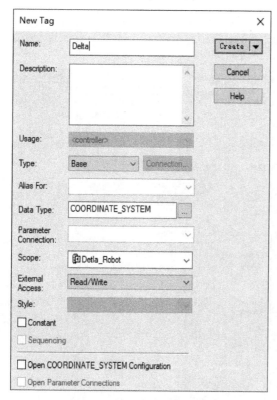

图 4-63 "Delta"坐标系统创建

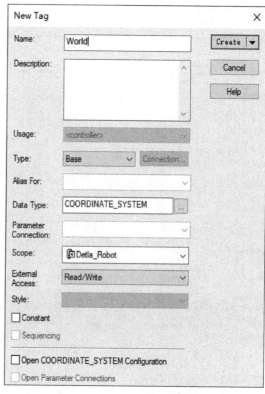

图 4-64 "World"坐标系统创建

　　"Delta"和"World"两个坐标系统创建好后,右键单击"Delta",选择"Properties"进行坐标系统的搭建。在"General"选项卡中,选择类型为"Delta",将维数与转换维数均设为 3,将三个实轴分别关联到 Delta 坐标系统的三个坐标轴上,如图 4-65 所示。

　　如图 4-66、图 4-67 所示,在"Geometry""Offsets"选项卡中需要分别对 Delta 并联机器人模型参数进行测量并准确填写。

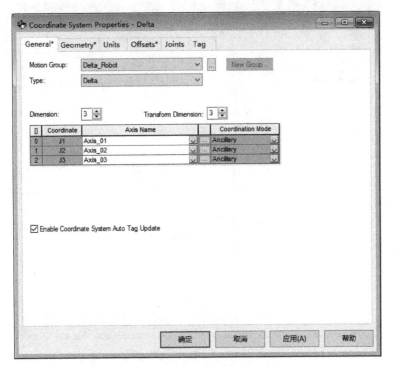

图 4-65 关联实轴到 Delta 坐标系

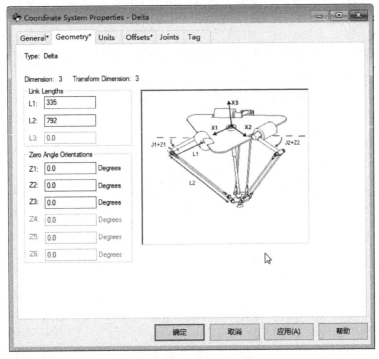

图 4-66 "Geometry"选项卡

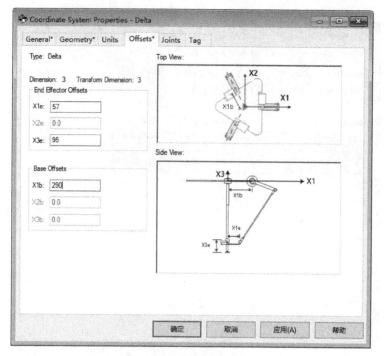

图 4-67　"Offsets"选项卡

如图 4-68 所示为三个虚轴与笛卡儿坐标系的关联,在"General"选项卡中,选择类型为"Cartesian",将维数与转换维数均设为 3,将三个虚轴分别关联到 World 坐标系统的三个坐标轴上。

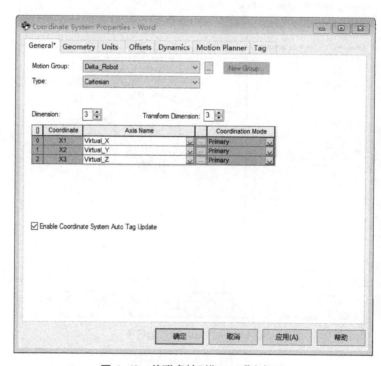

图 4-68　关联虚轴到"World"坐标系

如图 4-69 所示，在"Dynamics"选项卡中填写相关参数。

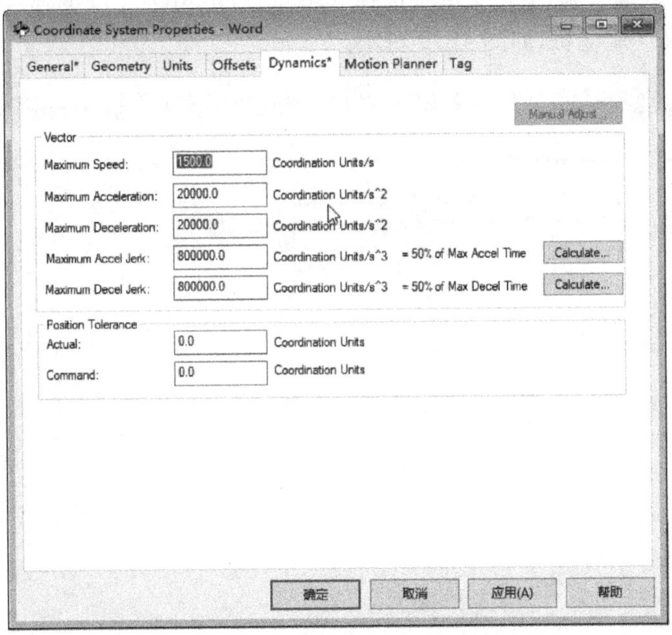

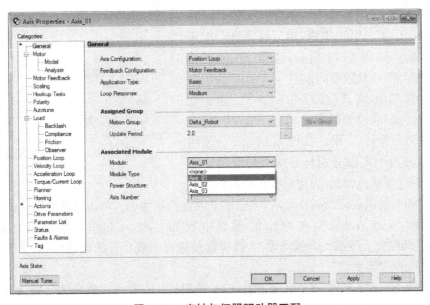

图 4-69 "Dynamics"选项卡

4.5.5 动力匹配测试

将三个实轴与三个伺服驱动器进行动力匹配。双击实轴"Axis_01"，选择"General"（常规）类别，根据应用需要更改配置设置。在"Associated Module"（关联模块）区域中，从"Module"（模块）下拉菜单中选择命名为"Axis_01"的伺服驱动器，如图 4-70 所示。

图 4-70 实轴与伺服驱动器匹配

选择"Motor"（电机）类别，在"Motor Device Specification"（电机设备技术参数）区域中，从"Data Source"（数据来源）下拉菜单中选择"Catalog Number"（目录号），以目录号的形式来为当前实轴匹配伺服电机，如图 4-71 所示。

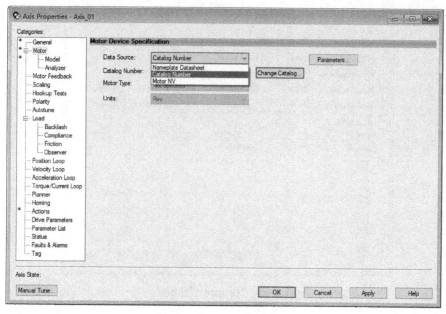

图 4-71　"Motor"类别设置

单击"Change Catalog"（更改目录号），出现如图 4-72 所示的"Change Catalog Number"（更改目录号）对话框，选择型号为"VPL-A1001M-P"的伺服电机（电机型号见电机铭牌）。单击"OK"（确定），关闭对话框。

选择"Scaling"（比例）类别，然后编辑适合应用程序的默认值。如图 4-73 所示，选择"Scaling"选项卡进行计算单位、软限位的设定。"Units"为电机旋转时的计算单位，将其命名为"Degree"。由于使用了减速机，所以需设置减速比，以 1∶30 为例，设置含义为电机每旋转 30 圈，主动臂旋转 360°。使用同样方法将另两个实轴分别与另两个伺服驱动器匹配，完成后进行联机调试，确定电机正转方向。

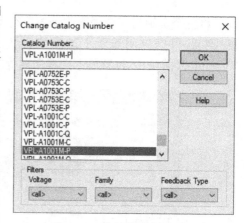

图 4-72　选择伺服电机型号

完成实轴与伺服驱动器的匹配后，将程序下载到控制器中。单击菜单"Communication"（通信）选择"Who Active"，在弹出的界面中找到 1769 - L36ERM 控制器后，单击"Download"即可完成下载。若编译无误，即可自动进行下载。下载成功后，双击"Axis_01"重新进入实轴配置界面。

接下来为 Kinetix 5500 驱动系统上电，进行轴测试。查看即将旋转的电机，确认轴上的负载已移除。将电机所带的驱动臂放于可移动位置，并保证人员安全。

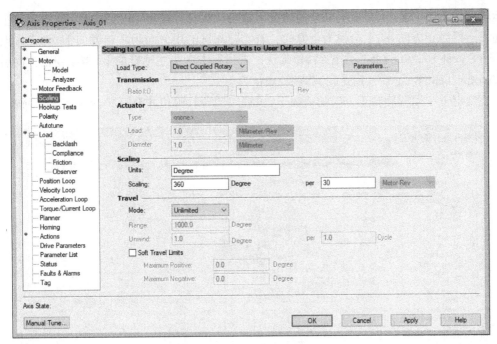

图 4-73　"Scaling"类别设置

　　在"Hookup Tests"(连接测试)类别中,进行电机旋向调试,系统默认主动臂旋转为1°,此处的"Degree"为旋转单位,1.0为根据1∶30减速比换算出的主动臂实际转动角度。在"Test Distance"(测试距离)字段,输入1.0作为测试转动角度。单击"Start"(启动)后,如图 4-74所示,电机会带动主动臂向一个方向旋转1°后断电,此时需关注电机的运转方向。

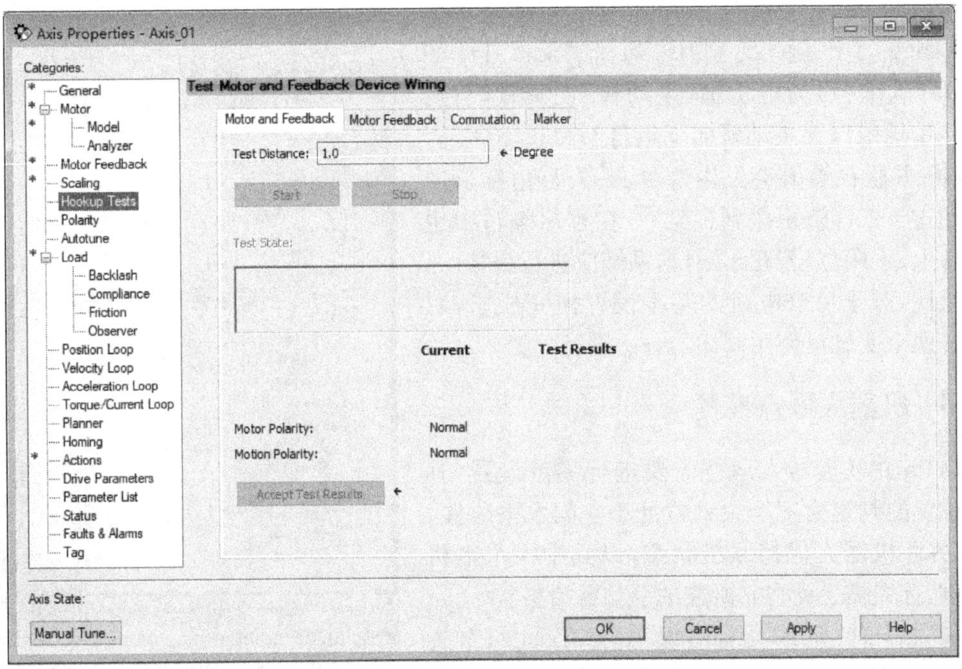

图 4-74　在"Hookup Tests"类别中设置调试电机运转方向

若运转方向不够明显,可在保证安全的情况下适当调大选择角度,重新测试。这里规定主动臂向下运行为正方向,向上抬起为负方向。若实际测试的正方向为主动臂向下,可直接点击"Accept Test Results"(接受测试结果)确认。若运行方向为主动臂向上,需改变正方向后点击"Accept Test Results"(接受测试结果)确认。

在规定了主动臂旋转正方向的前提下,设置主动臂软限位才有意义,如图 4-75 所示,重

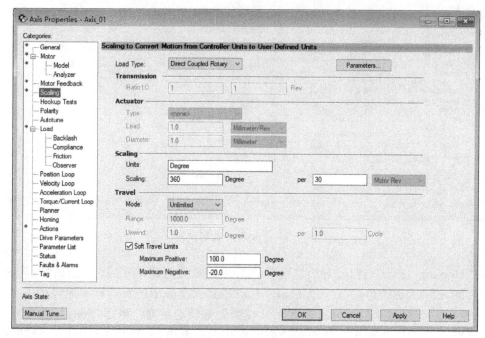

图 4-75　设置主动臂软限位

回"Scaling"(比例)类别中,勾选"Soft Travel Limits"(软限位)为电机轴(主动臂)设置软限位。本实例中规定设置主动臂向下运行不超过 100°(否则 Delta 并联机器人会发生奇异,丢失自由度),向上不超过 −20°(防止碰到机架)。在程序编写中也应设置上、下限位,若超出限位,系统应进行报警。

至此,对于单个电机的基本设置便完成了,对于另外两个实轴可使用同样的方法进行配置。

4.5.6　机器人零点设置

Delta 并联机器人运行需要进行零点设置,其零点位置的判定为三个主动臂处于空间水平位置。Delta 并联机器人保持联机状态,以其中一个电机轴为例,首先需手动将其所连的手动臂抬平。

如图 4-76 所示,鼠标右键单击"Axis_01",选择"Motion Direct Commands",打开如图 4-77 所示

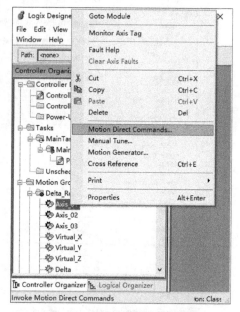

图 4-76　打开运动命令窗口

的运动命令窗口。选择"MSO"指令为该伺服电机上电，点击"Execute"按钮，此时听见"滋滋"的电流声，松手后主动臂会保持在原位不动，代表指令运行成功，伺服电机成功励磁。

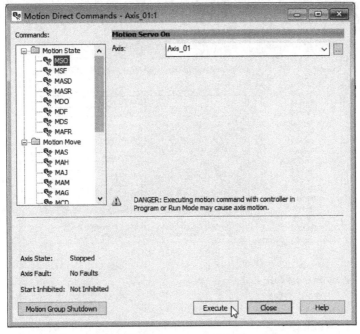

图 4-77　Axis_01 轴励磁

如图 4-78 所示，选择"MAH"指令即可为电机设置零点，之后需进行检验。

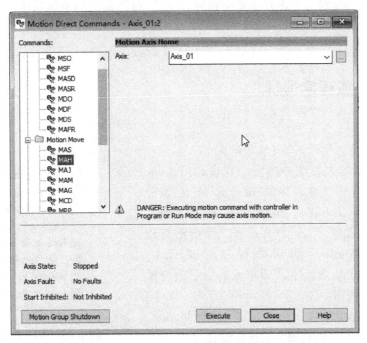

图 4-78　Axis_01 轴零点设置

如图 4-79 所示,选择"MAM"指令进行电机运动测试,首先在"Position"中输入 0,在"Speed"中输入 1,点击"Execute"按钮运行,此时电机应该没有任何动作。令 Position=2,观察主动臂是否向下运行了 2°,若是,则证明配置正确。配置成功后选择 MSF 指令为电机下电。若报错,在解决错误后可运行 MAFR 指令进行清错。

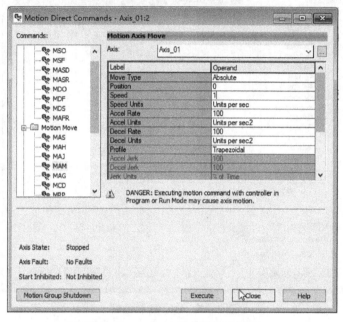

图 4-79　Axis_01 轴电机运动测试

其余两台电机配置与上述方法完全相同。至此,对机器人的坐标系统以及零点初始化全部完成。

4.6　智能分拣程序设计

4.6.1　主程序

Delta 并联机器人智能分拣程序列表如图 4-80 所示,"MainRoutine"为主程序,"Auto_Routine"为分拣程序,"Display_Routine"为触摸屏程序,"Failure_Routine"为报错程序,"Light_Routine"为指示灯程序,"Manual_Routine"为示教程序,"Motion_Routine"为轴运动参数程序,"VDF Routine"为变频器控制的传送带程序。

如图 4-81 所示,第 0 梯级为跳转至"Motion_Routine"程序。该程序可对轴参数进行设置,例如对轴进行励磁、零点设置、故障复位、轴正反向运动设置等。

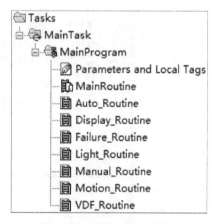

图 4-80　Delta 并联机器人智能分拣程序列表

图 4-81　跳转至轴参数设置子程序

如图 4-82 所示，第 1 梯级中，"Switch. I_11"开关为常闭开关，该开关导通时，转为手动模式，跳转至"Manual_Routine"程序，对 Delta 并联机器人进行示教；第 2 梯级中，"Switch. I_11"开关为常开开关，开关闭合时，第 1 梯级中的开关断开，Delta 并联机器人进入自动分拣模式，程序跳转至"Auto_Routine"。

图 4-82　手动/自动模式对应程序

如图 4-83 所示，程序的第 3～6 梯级分别为程序跳转至"VDF Routine""Display_Routine""Failure_Routine""Light_Routine"指令，分别执行传送带程序、触摸屏程序、程序报错程序和指示灯程序。

图 4-83　跳转至子程序

如图 4-84 所示，第 7 梯级中，创建"M850_QI"的 MSG 指令标签，使用 MSG 指令从 Micro850 48 点控制器中读取气泵的状态。点击 MSG 指令下的[...]，弹出如图 4-85 所示的界面，"Source Element"中"QI"是 Studio 5000 中的标签，"Destination Element"中"qi"是 CCW 中的标签，MSG 指令可实现"Studio 5000"与"CCW"中元素的双向传送。在此程序中，引入常闭开关"M850_QI. EN"，使得"QI"与"qi"可以不断地通信。

图 4-84　在 Studio 5000 中建立标签

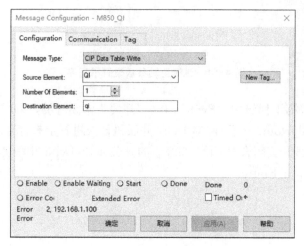

图 4-85　MSG 指令参数设置

其余梯级与第 7 梯级原理相似,在此不做过多叙述。

4.6.2　分拣程序

Delta 并联机器人分拣流程如图 4-86 所示。

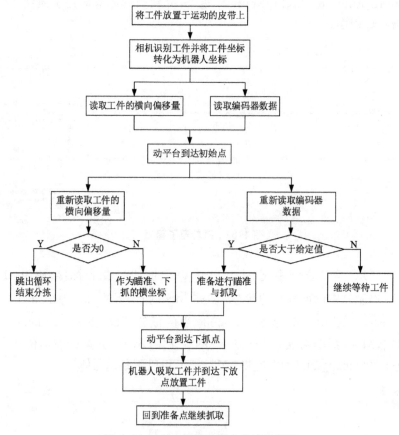

图 4-86　Delta 并联机器人分拣流程图

Delta 并联机器人抓取工件共分 7 步,具体分拣步骤如图 4-87 所示。

如图 4-88 所示,第 0、1 梯级中,当标签"Auto_Step"等于 0 时,将"Auto_Step"置 1,并开始进行分拣;当标签"STOP"等于 0 时,跳出程序,程序结束。

如图 4-89 所示,第 2 梯级中,摄像头的第 0 项输入置 1 时,触发一次信号,计算表达式的值,将计算结果存储至"Target_X[0]"中。如图 4-90 所示,设置"Target_X"数据类型为 REAL(实型),维度为 3。

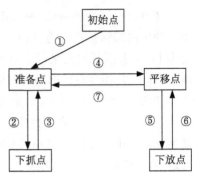

图 4-87 分拣步骤

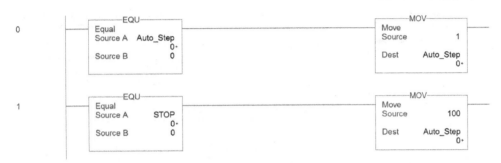

图 4-88 开始分拣与跳出程序

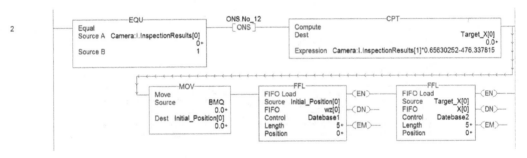

图 4-89 坐标转换与数据装载

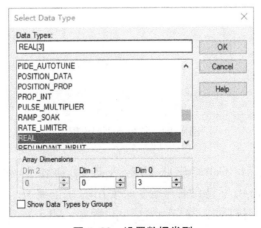

图 4-90 设置数据类型

"Camera：I. InspectionResults[1]"* 0. 656 302 52-476. 337 815"表达式是将以摄像头为中心的横向偏移量转化为以 Delta 并联机器人为中心的横向偏移量,也就是将相机坐标系转化为 Delta 并联机器人坐标系,两个坐标系之间呈线性关系。使用 FIFO 装载指令存储数据,选择 FFL 指令将读取到的编码器数据、横向偏移量存入队列。

如图 4-91 所示,在第 3 梯级中,将"Auto_Step"置 1 时,动平台到达初始点,坐标为 $(0,0,-750)$。由于以静平台中心为原点,所以下文中动平台到达位置的 Z 坐标均为负,此处坐标值均由实际测量得到,操作者在编写程序时需结合实际修改坐标值。初始点坐标可通过点击"Position"右边的按钮 [...] 设置结果,如图 4-92 所示。

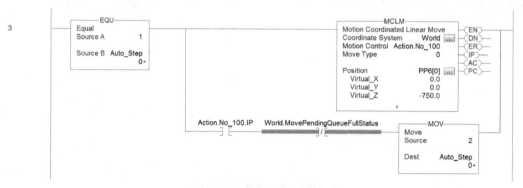

图 4-91 动平台到达初始点

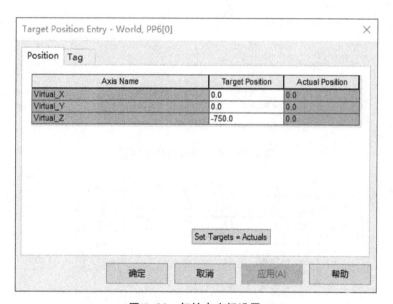

图 4-92 初始点坐标设置

使用 MCLM 指令让 Delta 并联机器人进行直线运动,与它并联"World. MovePendingQueueFullStatus"是在混合指令时使用的终止类型。当"Action. NO_100"正在运行且另一个运动有空排队时,将"Auto_Step"置 2。MCLM 完整参数设置如图 4-93 所示。

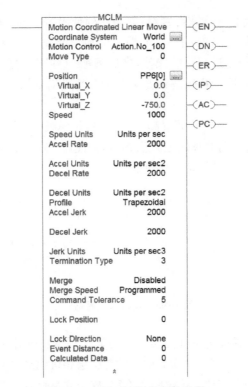

图 4-93　MCLM 指令参数设置

如图 4-94 所示,第 4 梯级前端有两条分支,当"disi"开关闭合或"RUN"置 1 时,触发一次信号。使用"Distance""X_Coord"分别存储两个 FFU 指令所推出的数据。其中,"Distance"存放的是摄像头刚识别到特征图案时的编码器数据,"X_Coord"存放的是物体在空间笛卡儿坐标系下的横向偏移量。

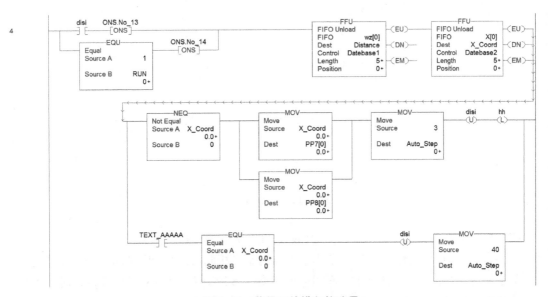

图 4-94　获得工件横向偏移量

接下来,使用 NEQ 指令进行数据判断,如果队列推出了不为 0 的数据,说明此时存在横向偏移量,则此数据需要作为瞄准、下抓、上提三个动作的横坐标,此时,可以使用 MOV 指令直接给"Auto_Step"赋值以进行后续操作,之后解锁"disi"并锁定"hh";如果此时横坐标队列内已无数据,即"X_Coord"等于 0,解锁开关"disi",并跳出到第 40 步,动平台回到初始点,等待目标工件再次出现。

如图 4-95 所示,第 4 梯级中"hh"置高位,则在第 5 梯级中,"hh"开关闭合,使用 SUB 指令将编码器实际值与之前识别的瞬间记录值相减,并使用"ABS"语句求出结果的绝对值,以此来检测在相机识别后,工件具体走了多远。

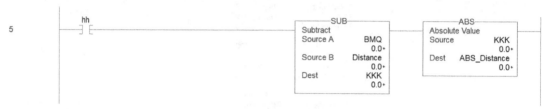

图 4-95 获得编码器数值

如图 4-96 所示,第 7 梯级为下抓点程序。在第 7 梯级中使用 GEQ 指令进行抓取时机的准确判断,本例中的 1665 为经过多次修改后的工件被相机识别时的位置到工件抓取点的距离。实际操作时,由于编码器与抓取位置距离不定,数据也有所不同,操作者需进行多次测量。

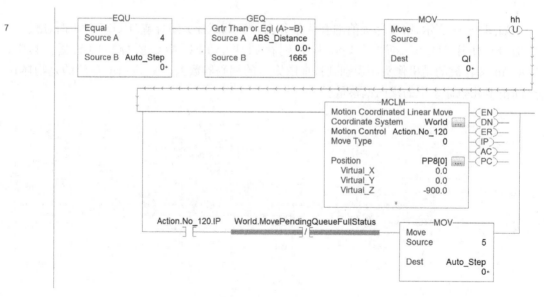

图 4-96 下抓程序

当 ABS_Distance 大于 1665 时,将 QI 置 1,气泵吸气,吸取工件。

准备点、下抓点、平移点、下放点工作原理与初始点相同,程序类似,在此不作过多赘述。

如图 4-97 所示,第 11 梯级中,"Auto_Step"等于 8 时,使用 TON 指令进行延时。下放延时完成时,第 12 梯级中开关闭合,气泵置 0,放下工件,并将"Auto_Step"置 9。

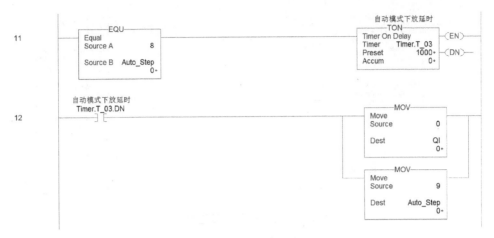

图 4-97 下放工件

如图 4-98 所示，第 14 梯级中，"Auto_Step"等于 40 时，动平台回到初始点。

图 4-98 动平台回到初始点

如图 4-99 所示，第 15 梯级中，摄像机的第 0 项输出口等于 1，锁定"disi"，此时第 4 梯级 "disi"开关闭合，执行程序，以此完成循环分拣。

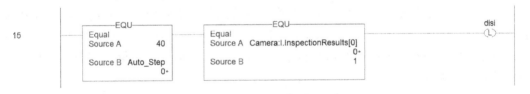

图 4-99 循环分拣

以上就是 Delta 并联机器人抓取部分的程序，对程序进行设置时，应多次试验，选择最合适的参数，保证抓取的准确性、动作的合理性。

4.6.3 报错程序

第 0~2 梯级为 J1 轴各类故障程序。第 0 梯级为 J1 轴故障，"Axis_01. AxisFault"不等于 0 时，"Failure. J1_failure"置 1；第 1 梯级为 J1 轴超下限位故障，J1 轴主动臂角度大于 100°时，"Failure. J1_failure"置 2；第 2 梯级为 J1 轴超上限位故障，J1 轴主动臂角度小于 −20°时，"Failure. J1_failure"置 3，如图 4-100 所示。

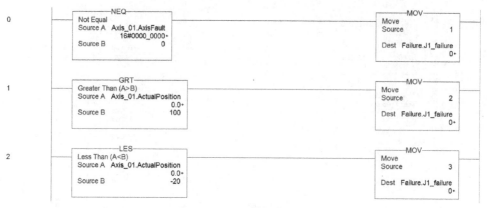

图 4-100 *J*1 轴故障程序

第 3~8 梯级为 *J*2、*J*3 轴故障程序,程序与 *J*1 轴类似,在此不再赘述。

第 9、10 梯级为 *X* 轴超程故障程序。第 9 梯级中,动平台在 *X* 轴实际位置大于 450,"Failure. X_failure"置 10;第 10 梯级中,动平台在 *X* 轴实际位置小于-465,"Failure. X_failure"置 11,如图 4-101 所示。

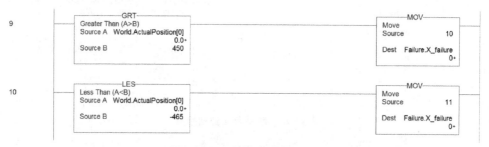

图 4-101 *X* 轴超程故障程序

第 11、12 梯级为 *Y* 轴超程故障程序,程序与 *X* 轴相似,在此不再赘述。

第 13、14 梯级为 *Z* 轴超程故障程序。第 13 梯级中,所有轴励磁后,对动平台 *Z* 轴坐标值取绝对值并判断其值是否大于 925,若是,"Failure. Z_failure"置 14。第 14 梯级中,对动平台 *Z* 轴坐标值取绝对值并判断其值是否小于 650,若是,"Failure. Z_failure"置 15,如图 4-102、图 4-103 所示。

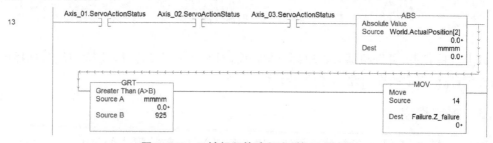

图 4-102 *Z* 轴超程故障程序(第 13 梯级)

第 15、16 梯级分别为两个变频器的报错程序,如图 4-104 所示。

第 17 梯级为急停报错程序,如图 4-105 所示。

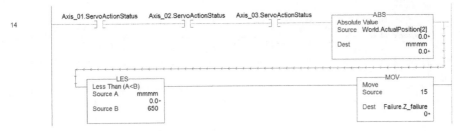

图 4-103　Z 轴超程故障程序(第 14 梯级)

图 4-104　变频器报错程序

图 4-105　急停报错程序

如图 4-106 所示,将第 0~17 梯级并联,若其中有一个报错,则第 18 梯级中输出为总故障"Failure_All"。第 19 梯级中,"RESET"置 1 时,将所有故障清零,进行故障复位,如图 4-107 所示。

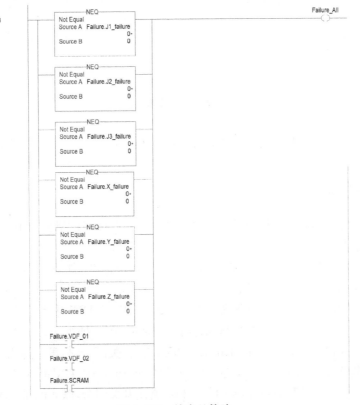

图 4-106　输出总故障

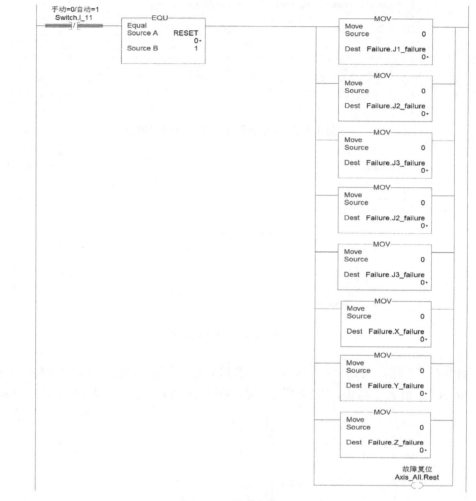

图 4-107 故障复位

$J2$、$J3$ 轴,X、Y、Z 轴出现超程等报错后,"HMI_Alarm"赋值与 $J1$ 轴相似,在此不再赘述。

4.6.4 指示灯程序

指示灯程序包含第 0~8 梯级系统信号灯和第 9~13 梯级的触摸屏下方按钮灯程序。

1. 系统信号灯

报错子程序"Failure_routine"中第 18 梯级出现报错时,如图 4-108 所示,第 0 梯级 "Failure_All"开关闭合,信号灯报警计时 1 中"Timer. T_04. DN"计时 500 ms,计时完成时,第 1、2 梯级开关闭合,此时信号灯报警计时 2"Timer. T_05. DN"开始计时 500 ms,系统信号灯中红灯置 1,报警置 1,红灯亮并报警;当计时 2 完成时,第 3 梯级开关闭合,系统信号灯中红灯置 0,报警置 0,红灯灭;第 3 梯级"Timer. T_05. DN"开关闭合时,第 0 梯级中"Timer. T_05. DN"常闭开关断开,计时 1 恢复为 0,此时第 1 梯级"Timer. T_04. DN"断开,计时 2 恢复为 0,第 3 梯级"Timer. T_05. DN"开关断开,同时第 0 梯级常闭开关闭合,以此达到循环亮灯的目的。

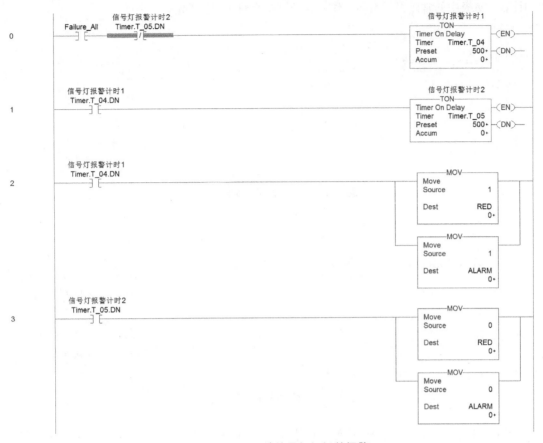

图 4-108　系统信号灯闪烁并报警

如图 4-109 所示,当第 4 梯级中"Failure_All"开关由置位状态转变为清零状态时,OSF 下降沿指令置位"Failure_All_Pluse",此时第 5 梯级开关中"Failure_All_Pluse"闭合,系统信号灯中红灯置 0,报警置 0。

图 4-109　错误消除指令

如图 4-110 所示,第 6 梯级中,在程序无错误时,"Switch. I_11"开关闭合后,系统处于自动分拣状态,系统信号灯中绿灯亮。如图 4-111 所示,若第 6 梯级中的"Switch. I_11"开关断开,则第7梯级中的常闭开关导通,系统信号灯中绿灯灭,橙灯亮。

图 4-110　系统信号灯绿灯亮

图 4-111　系统信号灯橙灯亮

如图 4-112 所示,第 8 梯级中,程序报错时,"Failure_All"开关闭合,系统信号灯中绿灯灭,橙灯灭。

图 4-112　报错时系统信号灯程序

2. 触摸屏按钮灯

如图 4-113 所示,第 9 梯级中,程序处于自动分拣状态时,开关闭合,按下触摸屏下方启动按钮,此时标签"RUN"等于 1,解锁线圈"bbbb"并锁定线圈"aaaa",则第 10 梯级中"aaaa"开关闭合,"LIGHT_RUN"置 1,"LIGHT_STOP"置 0,触摸屏下方"启动"按钮绿灯亮。

如图 4-114 所示,第 11 梯级中,"STOP"为常闭开关,"STOP"等于 0 时开关导通,此时"aaaa"复位,"bbbb"置位,此时 12 梯级中"bbbb"开关闭合,"LIGHT_STOP"停止按钮红灯亮,程序停止。

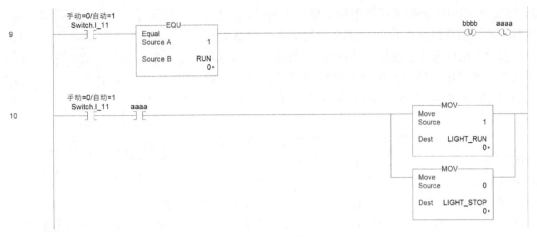

图 4-113　启动按钮灯程序

图 4-114　停止按钮灯程序

如图 4-115 所示，第 13 梯级中，常闭开关"Switch. I_11"闭合后，程序进入自动模式。

图 4-115　切换自动模式程序

4.6.5　示教程序

"示教"是机器人学习的过程。机器人执行分拣任务时都是按照事先编写好的程序进行的,在这个过程中,操作者手把手教会机器人做某些动作,机器人的控制系统会以程序形式将其记下来。机器人按照示教时记忆的程序展现这些动作就是"再现"过程,原理如图 4-116 所示。操作者可以通过移动动平台改变初始点、准备点、平移点、下抓点坐标,具体坐标值可在触摸屏中查看。

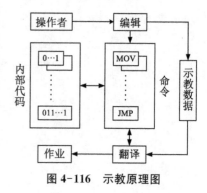

图 4-116 示教原理图

如图 4-117 所示,第 0 梯级为动平台向 X 轴方向平移的程序。当 $J1$ 轴～$J3$ 轴励磁完成后,"Axis_01. ServoActionStatus""Axis_02. ServoActionStatus""Axis_03. ServoActionStatus"三个开关闭合;"Action. No_10. IP"为常闭开关,其中"No_10"为用户自定义数据类型;"Axis_All. MCT_Transform. IP"为坐标转换开关。当所有开关闭合后,通过控制触摸屏,控制动平台在 X 轴方向移动,对动平台移动距离取绝对值并存储至"L"("L"为增量),最后对动平台运动方向进行讨论。若 X 轴为正向移动,首先使用 MUL 指令将"L"乘以"+1",接着把结果放入"L_Plus"中,最后把"L_Plus"存放进"Position_MCLM[0]"中;反之,若 X 轴为反向移动,将"L"乘以"-1",把结果放入"L_Minus"中,最后把"L_Minus"存放进"Position_MCLM[0]"中。此处引入控制变量法,使用触摸屏控制动平台仅在 X 轴方向的移动,并实行单点单动,即按一下触摸屏中的按钮,动平台移动一段单位距离,并且保持动平台的 Y、Z 坐标不变,所以将 0 存入"Position_MCLM[1]"和"Position_MCLM[2]"中。

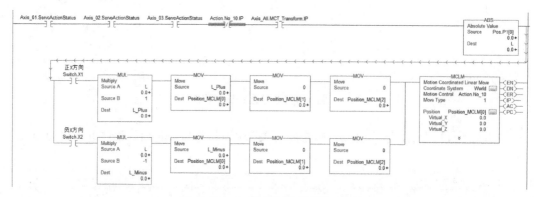

图 4-117 X 轴方向平移程序

第 1,2 梯级是动平台在 Y、Z 轴方向平移的程序,程序与在 X 轴方向平移的程序类似,在此不赘述。

如图 4-118 所示,第 3 梯级为初始点示教程序。"Switch. I_01"为初始点示教开关,开关闭合且 $J1$～$J3$ 处于励磁状态时,"AOI_Mov"模块分别将"Source_1""Source_2""Source_3"赋值到"Dest_1""Dest_2""Dest_3"中。其中,PP1 表示初始点坐标值,数据类型为"REAL",设定其维数为 3。

如图 4-119 所示,"AOI_Mov"是用户自定义模块具体程序,增加此模块的目的是使程序更加精简。

如图 4-120 所示,第 8 梯级为初始点示教开始程序。"Switch. I_07"为示教开始开关,开

图 4-118 初始点示教程序

关闭合后,"Step"等于 0,程序开始执行。"Switch. I_08"为设置单步开关,"Switch. I_09"为单步启动开关,若这两个开关闭合,信号将被触发,动平台运动。这条分支使用的是单点单动。另一条分支上"Switch. I_08"为常闭开关,若常闭开关导通,动平台将保持持续运动。

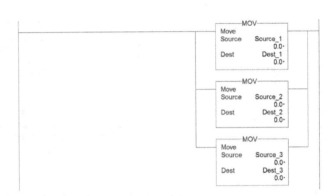

图 4-119 AOI Mov 自定义模块程序

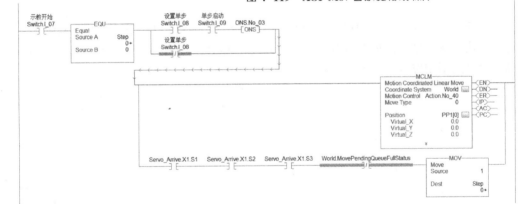

图 4-120 初始点示教开始程序

在"MCLM"模块的另一条分支中,"Servo_Arrive. X1. S1""Servo_Arrive. X1. S2""Servo_Arrive. X1. S3"三个开关位于"Servo_Arrive"模块中,"Servo_Arrive"为用户自定义模块,用于判定动平台是否到达指定位置。当 $J1$ 轴的 X、Y、Z 坐标均已到位,"Servo_Arrive. X1. S1""Servo_Arrive. X1. S2""Servo_Arrive. X1. S3"三个开关闭合,给"Step"赋 1。

"World. MovePendingQueueFullStatus"是终止类型的常闭开关,如图 4-121 所示。当"Step"等于 1 时,"Move1"启动,将动平台移动到位置(5,0),一旦"Move1"正在进行且队列内有空,则将 2 赋值给"Step"。若"Step"等于 2,则表示"Move1"已发生,"Move2"进入队列,等待"Move1"完成。当"Move1"完成后,"Move2"将动平台移动到(10,5),一旦"Move2"正在进行且队列内有空,则将 3 赋值给"Step"。

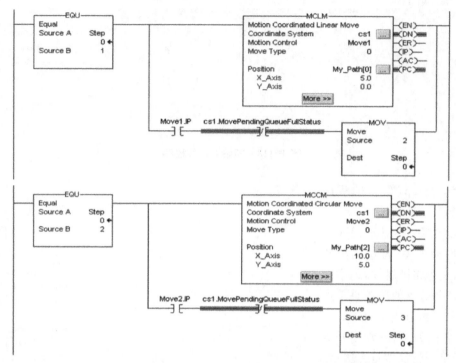

图 4-121   "World. MovePendingQueueFullStatus"注解

如图 4-122 所示,第 9 梯级是"Servo_Arrive"模块,图 4-123 是"Servo_Arrive"用户自定义模块具体程序。该模块可判断给定位置与实际位置之间误差是否在 ± 0.2 内,若是,则动平台已到指定位;反之,未到指定位。

图 4-122   判断轴是否到位指令

准备点、下抓点、平移点、上升点设定的示教原理与初始点设置相似,程序也相似,详细见初始点的注解,此处不再赘述。

如图 4-124 所示,第 14 梯级中,"Step"等于 3 时,引入输出锁存指令"diyi"来锁存数据位。

如图 4-125 所示,第 15 梯级中,"diyi"开关已被锁定,当其闭合时,使用"TON"模块执行下抓延时,目的是保证气泵可以准确、有效地吸取工件。

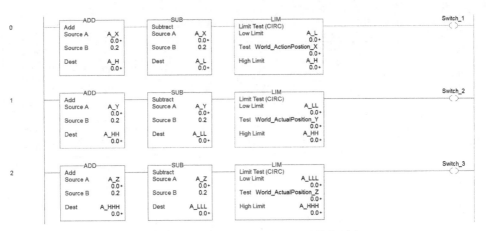

图 4-123　"Servo_Arrive"用户自定义模块程序

图 4-124　设置单步

图 4-125　延时指令

如图 4-126 所示,第 16 梯级中,下抓延时完成时,"Timer. T_01. DN"开关闭合,将"QI"赋值为 1,"Step"赋值为 4,并输出解锁指令"diyi",解锁数据位。

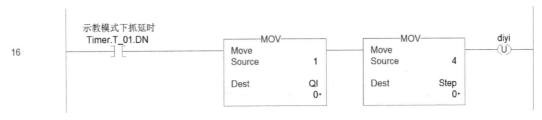

图 4-126　下抓程序

下放延时与下抓延时原理相似,程序相似,在此对下放延时程序不再赘述。

如图 4-127 所示,在第 28～29 梯级中,通过在触摸屏上设置坐标值,动平台可以直接到达指定位置,对工件进行抓取和释放。

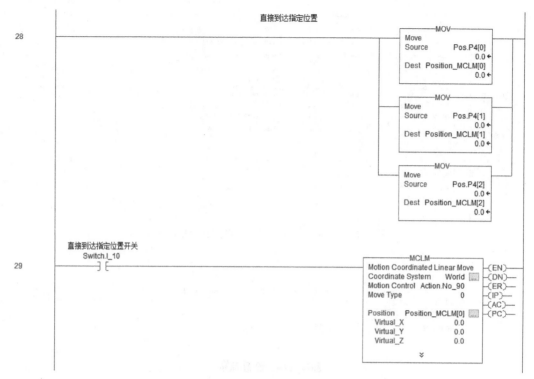

图 4-127　直接到达指定位置

4.6.6　轴参数设置程序

第 0 梯级～第 7 梯级是 J1 轴参数设置程序。

如图 4-128 所示,第 0 梯级中,"Axis_001. Btn_MSO_On"为 J1 轴励磁开关,"Axis_All. On"为所有轴励磁开关,"Axis_All. TTT"为所有轴故障复位励磁开关,这三个开关中任一个闭合都会使 J1 轴励磁。其中,"On""TTT""Btn_MSO_On"均为用户自定义数据类型,均为 BOOL 型。

图 4-128　J1 轴励磁

如图 4-129 所示,第 1 梯级中,"Axis_001. Btn_MSF_Off"为 J1 轴消磁开关,"Axis_All. Off"为所有轴消磁开关。J1 轴消磁开关闭合或所有轴消磁开关闭合时,J1 轴消磁,其中"Off""Btn_MSF_Off"均为 BOOL 型。

如图 4-130 所示,第 2 梯级中,"Axis_001. Btn_MAH"为零点设置开关,开关闭合时,对 J1 轴进行零点设置。

图 4-129 *J*1 轴消磁

图 4-130 *J*1 轴零点设置

如图 4-131 所示,第 3 梯级中,"Axis_All. Reset"为故障复位开关,开关闭合时,对 *J*1 轴进行故障复位。

图 4-131 *J*1 轴故障复位

如图 4-132 所示,第 4 梯级中,"Axis_All. Initial"为 *J*1 轴回零点开关,"Inital"为用户自定义数据类型。*J*1 轴励磁时,其以 5 个单位/s 的速度回到零点。

图 4-132 *J*1 轴进行轴位移回到零点

如图 4-133 所示,第 5 梯级中,"Axis_001. Btn_MAM"为轴位移开关,开关闭合时,*J*1 轴以指定速度到达指定位置。

图 4-133 *J*1 轴进行轴位移到达指定位置

如图 4-134 所示，第 6 梯级中，"Axis_001.Btn_Servo_FWD"为 J1 轴正向运动开关，开关闭合时，判断 J1 轴主动臂的实际旋转角度是否小于 100°，若是，J1 轴以指定速度运动，否则，运动停止；"Axis_001.Btn_Servo_REV"为反向运动开关，开关闭合时，判断 J1 轴主动臂旋转角度是否大于 −20°，若是，J1 轴以指定速度运动，否则，运动停止。第 6 梯级的目的是保护主动臂，防止主动臂运动过限位。

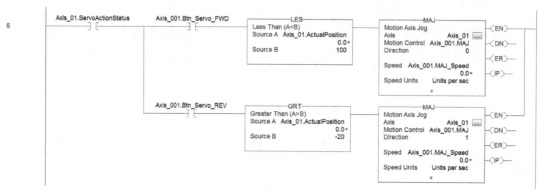

图 4-134 对 J1 轴设置软限位

图 4-135 与图 4-136 分别为联机时动平台位于初始点、准备点时电机转动的角度显示。由于罗克韦尔自动化设备集成度较高，有专用指令模块。用户在实际编程过程中，只需在 Studio 5000 环境中，将 Delta 并联机器人主、从动臂尺寸，静平台外接圆半径尺寸等机构参数关联到创建的坐标系统中去即可。接着在触摸屏上输入动平台位置点坐标，即可控制动平台运动，无需编写正、逆解程序。在动平台运动的过程中，系统会自动进行逆解运算。

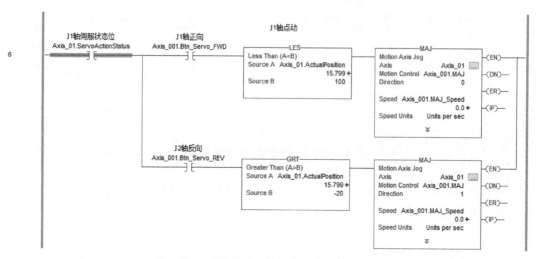

图 4-135 动平台位于初始点时电机转动角度

如图 4-137 所示，第 7 梯级中，轴运动结束时，"Axis_001.MAJ.IP"开关闭合，正、反向的常闭开关导通，J1 轴停止运动。

J2、J3 轴参数设置与 J1 轴相类似，在此不再赘述。

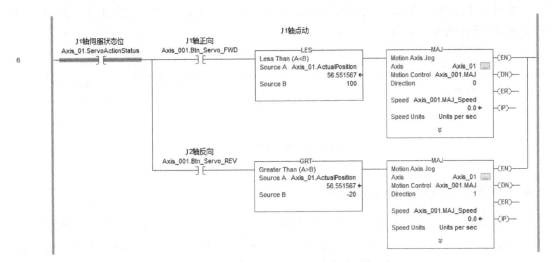

图 4-136　动平台位于准备点时电机转动角度

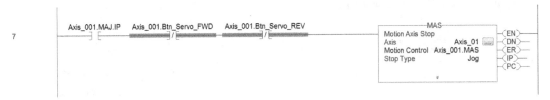

图 4-137　J1 轴停止运动

如图 4-138 所示，第 24 梯级中，J1～J3 轴故障复位完成后，三个开关闭合，所有轴故障复位并励磁。

图 4-138　所有轴进行故障复位并励磁

如图 4-139 所示，第 25 梯级中，所有轴零点设置完成时，J1～J3 轴的常闭开关"Axis_001. Btn_MAH""Axis_002. Btn_MAH""Axis_003. Btn_MAH"导通；所有轴励磁完成时，另一条分支上的"Axis_001. MSO. DN""Axis_002. MSO. DN""Axis_003. MSO. DN"开关闭合。只要满足其中一条分支的条件，就进行一次坐标转换。

图 4-139　笛卡儿坐标系转换为机器人坐标系

如图 4-140 所示,第 26 梯级中,"Failure_All"为报错开关。故障复位开关闭合或报错开关闭合,所有轴停止运动。

图 4-140　所有轴停止运动

4.6.7　变频器控制的传送带程序

图 4-141 所示的第 0 梯级中,"ACK"为用户自定义数据类型,变频器自定义数据类型如图 4-142 所示。"VDF_001.ACK"为变频器速度确认开关,当开关闭合时,变频器输出频率。图 4-143、图 4-144 为变频器输入标签、输出标签,输入标签、输出标签的含义见表 4-4、表 4-5,其中,"VDF_1"为变频器名,"I"为输入,"O"为输出,跟在"I"或"O"后面的英文单词表示变频器不同的输入状态或输出状态。

图 4-141　变频器速度确认

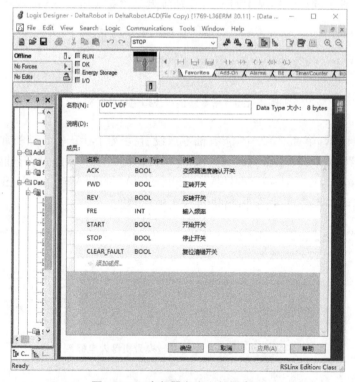

图 4-142　变频器自定义数据类型

VDF_1:I	{...}	{...}		AB:PowerFlex525...
⊟ VDF_1:I.DriveStatus	2#0000_000...		Binary	INT
VDF_1:I.Ready	0		Decimal	BOOL
VDF_1:I.Active	0		Decimal	BOOL
VDF_1:I.CommandDir	0		Decimal	BOOL
VDF_1:I.ActualDir	0		Decimal	BOOL
VDF_1:I.Accelerating	0		Decimal	BOOL
VDF_1:I.Decelerating	0		Decimal	BOOL
VDF_1:I.Faulted	0		Decimal	BOOL
VDF_1:I.AtReference	0		Decimal	BOOL
VDF_1:I.CommFreqCnt	0		Decimal	BOOL
VDF_1:I.CommLogicCnt	0		Decimal	BOOL
VDF_1:I.ParmsLocked	0		Decimal	BOOL
VDF_1:I.DigIn1Active	0		Decimal	BOOL
VDF_1:I.DigIn2Active	0		Decimal	BOOL
VDF_1:I.DigIn3Active	0		Decimal	BOOL
VDF_1:I.DigIn4Active	0		Decimal	BOOL
⊞ VDF_1:I.OutputFreq	0		Decimal	INT

图 4-143　1 号变频器输入标签

表 4-4　变频器输入标签含义

标签	说明
VDF_1:I. Ready	就绪状态
VDF_1:I. Active	运行状态
VDF_1:I. Accelerating	加速状态
VDF_1:I. Decelerating	减速状态
VDF_1:I. Faulted	变频器故障

VDF_1:O	{...}	{...}		AB:PowerFlex525...
⊟ VDF_1:O.LogicCommand	2#0000_000...		Binary	INT
VDF_1:O.Stop	0		Decimal	BOOL
VDF_1:O.Start	0		Decimal	BOOL
VDF_1:O.Jog	0		Decimal	BOOL
VDF_1:O.ClearFaults	0		Decimal	BOOL
VDF_1:O.Forward	0		Decimal	BOOL
VDF_1:O.Reverse	0		Decimal	BOOL
VDF_1:O.ForceKeypadCtrl	0		Decimal	BOOL
VDF_1:O.MOPIncrement	0		Decimal	BOOL
VDF_1:O.AccelRate1	0		Decimal	BOOL
VDF_1:O.AccelRate2	0		Decimal	BOOL
VDF_1:O.DecelRate1	0		Decimal	BOOL
VDF_1:O.DecelRate2	0		Decimal	BOOL
VDF_1:O.FreqSel01	0		Decimal	BOOL
VDF_1:O.FreqSel02	0		Decimal	BOOL
VDF_1:O.FreqSel03	0		Decimal	BOOL
VDF_1:O.MOPDecrement	0		Decimal	BOOL
⊞ VDF_1:O.FreqCommand	0		Decimal	INT

图 4-144　1 号变频器输出标签

表 4-5　变频器输出标签含义

标签	说明
VDF_1:O. Stop	停止命令
VDF_1:O. Start	启动命令
VDF_1:O. Jog	点动命令
VDF_1:O. ClearFaults	清除故障
VDF_1:O. FreqCommand	输出频率

如图 4-145 所示,第 1 梯级中,"VDF_001.FWD"为正转开关,"VDF_001.REV"为反转开关;当正转开关闭合时,"VDF_001.REV"在正常情况下始终导通,则"VDF_1:O. Forward"的线圈工作,此时"VDF_001.FWD"的分支"VDF_1:O. Forward"开关闭合,形成自锁。如图 4-146～图 4-148 所示,第 2～4 梯级分别为反转、开始、停止程序,原理与第 1 梯级类似。

图 4-145　正转开关

图 4-146　反转开关

图 4-147　开始开关

图 4-148　停止开关

如图 4-149 所示,第 5 梯级中,"VDF_1:I. Faulted"为 1 号变频器报错开关,"VDF_001. CLEAR_FAULT"为复位清错开关,当变频器报错时,报错开关闭合,复位清错开关闭合,变频器清除故障。

图 4-149　复位清错开关

2 号变频器工作原理与 1 号相同,所以程序相似,在此不再赘述。

4.6.8　CCW 程序

在 CCW 编程软件中,编写气泵控制程序,编码器读取程序,触摸屏交互和指示灯控制程序,并将程序下载到 Micro850 控制器中。

1. 气泵程序

图 4-150 为气泵程序,用来控制吸盘吸取和下放工件。图 4-151 为"="指令块注释图。"="指令块可测试 i1 与 i2 值是否相等,当两值相等,即"qi"等于 1 时,"_IO_EM_DO_01"置位,输出高电平,气泵吸气;反之,"_IO_EM_DO_01"清零,输出低电平,气泵释放。操作者编写程序时应以实际接线输入/输出端子号为准。

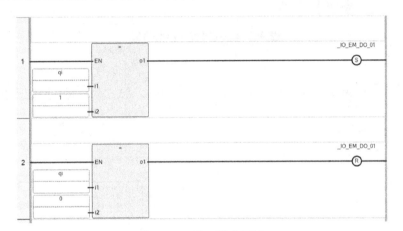

图 4-150　气泵控制程序

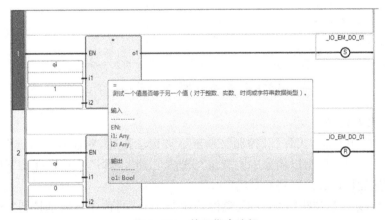

图 4-151　等于指令注解

2. 编码器程序

如图 4-152 所示程序用来获得编码器距离值。HSC 的具体讲解可参照 2.3 节的内容，在此不再赘述。APP. Accumulator 代表编码器计数值，实际工作时会在项目值处显示当前脉冲数，并会将值转换为"REAL"型赋值给"ju"。如图 4-153 所示，在主程序中，通过"MSG"指令，将"ju"的值传输给标签"BMQ"，完成 Micro850 控制器与 1769-L36ERM 控制器之间的信号传输。

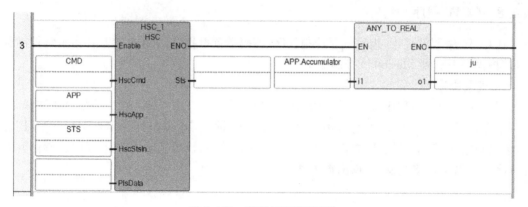

图 4-152　获得编码器距离值

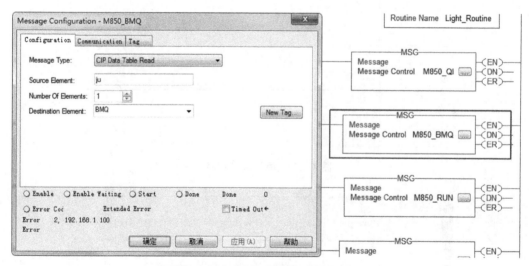

图 4-153　Studio 5000 与 CCW 通信

3. 触摸屏交互程序

图 4-154 中"_IO_EM_DI_13"控制触摸屏下方启动按钮，对应标签"run"，由于"_IO_EM_DI_13"为 BOOL 型，所以需要中间变量"SSSS"。当"SSSS"等于 1，即按下按钮时，将 1 赋给"run"，程序运行；反之，则将 0 赋给"run"。

停止按钮"stop"、复位按钮"reset"、急停按钮"scram"的程序与启动按钮"run"相同，在此不再赘述。

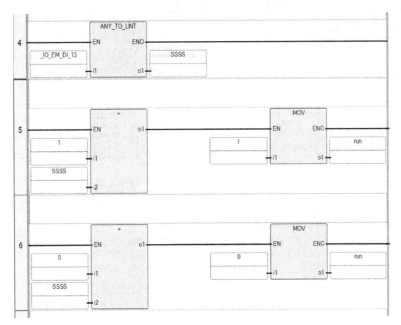

图 4-154　启动按钮对应的输出端口

4. 指示灯控制程序

标签"light_run""light_stop"为触摸屏下方启动与停止按钮对应灯。

如图 4-155 所示,启动按钮灯"light_run"与输出端"O_08"连接,所以"light_run"等于 1 时,"_IO_EM_DO_08"置位,对应启动按钮绿灯亮;反之,"_IO_EM_DO_08"清零。

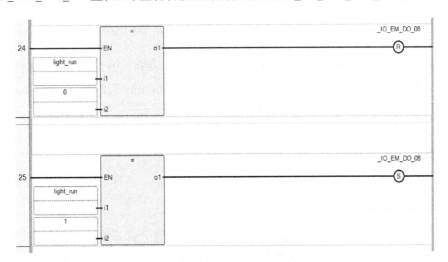

图 4-155　启动按钮灯对应的输出端口

如图 4-156 所示,CCW 标签"run"对应 Studio 5000 标签"RUN",它们通过 MSG 指令通信。图 4-157 为子程序"Light_Routine"第 9~10 梯级,按下触摸屏下方启动按钮后,"_IO_EM_DO_08"置位,Studio 5000 中标签"RUN"置 1,开关"aaaa"闭合,启动按钮绿灯亮。停止按钮红灯灭原理与此相类似,在此不再赘述。

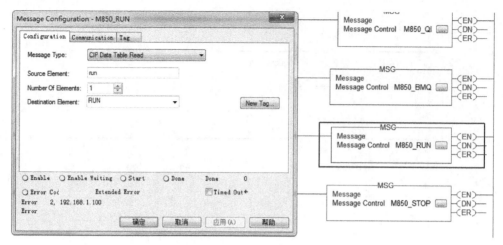

图 4-156　标签"run"对应标签"RUN"

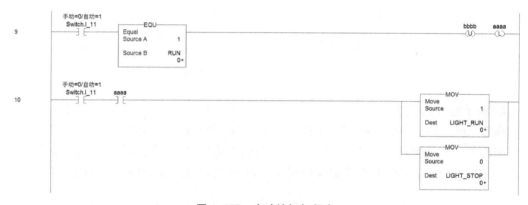

图 4-157　启动按钮灯程序

标签"green""orange"和"red"对应系统信号灯中的绿灯、橙灯和红灯,"alarm"对应蜂鸣器,对应的端口置位/清零程序与触摸屏下方的启动按钮灯"light_run"程序相似,在此不再赘述。

4.7　触摸屏界面设计

4.7.1　主轴调试界面

图 4-158 为 CCW 编程软件中 Delta 并联机器人智能分拣系统的主轴调试界面,对应 Studio 5000 Logix Designer 应用程序中子程序"Motion_Routine"。其中,Studio 5000 软件中的"Axis_01"~"Axis_03"为 Delta 并联机器人的三个轴,分别对应触摸屏上的"J1 轴"~"J3 轴"。以主界面为首的一排按钮均为瞬时按钮,点击按钮即可跳转到对应画面;标识为①~③的按钮为数字输入按钮,以按钮①为例,该按钮对应的标签为"Axis_001. Position"。图 4-159 为数字输入属性设置,图 4-160 为标签编辑器中数字输入①对应的标签名与地址,图 4-161 为 Studio 5000 中 Axis_001. Position 所在位置。

图 4-158 主轴调试界面

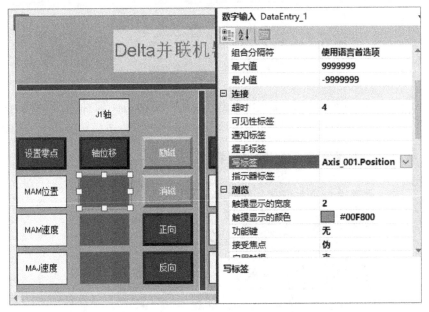

图 4-159 MAM 数字输入属性设置

标签名称 ▲	数据类型	地址	控制器	描述
Axis_001.Position	Real	Axis_001.Positi	PLC-1	J1轴位移位置…
Axis_001.MAM_Speed	Real	Axis_001.MAM_	PLC-1	J1轴位移速度…
Axis_001.MAJ_Speed	Real	Axis_001.MAJ_S	PLC-1	J1轴速度速度…

图 4-160 数字输入①对应的标签名与地址

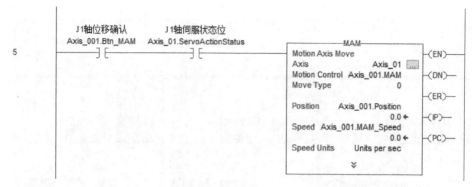

图 4-161　Studio 5000 中 Axis_001. Position 对应位置

以 $J1$ 轴为例,实际应用中①对应绝对位置,在①、②中输入数据→点击正向/反向按钮→点击轴位移按钮,则 $J1$ 轴运动到相对于零点的指定位置。其他数字输入标签与其类似,在此不再赘述。

如图 4-162 所示,第 0 梯级中,当 $J1$~$J3$ 轴消磁,输出为全消磁"Display. O_01"。第 1梯级中,当 $J1$~$J3$ 轴励磁,输出为全励磁"Display. O_02"。

图 4-162　全消磁与全励磁

如图 4-163 所示,在界面中创建全消磁按钮,并在界面右侧属性"指示器标签"中输入"Display. O_01",以此完成 Studio 5000 Logix Designer 应用程序与触摸屏按钮的关联。

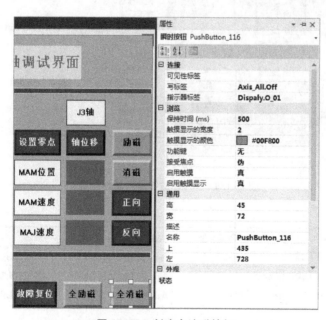

图 4-163　创建全消磁按钮

$J1\sim J3$ 各个轴消磁、励磁按钮的创建与全消磁类似,在此不赘述。

4.7.2　示教调试界面与监控界面1

示教调试界面与监控界面1配合使用。

如图 4-164 所示,区域①显示的为手动搬动动平台获得的坐标值,分别点击示教 1～示教 5 按钮即可确定各点位置;在区域②可直接给定坐标点,Delta 并联机器人可根据给定的坐标点运动到指定位置。

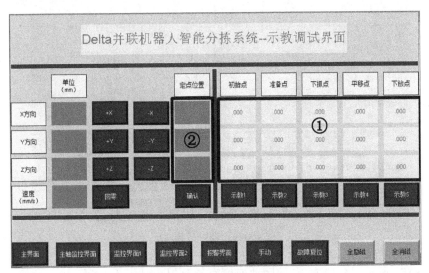

图 4-164　示教调试界面

如图 4-165 所示,区域①表示 $J1\sim J3$ 轴运行的角度位置和坐标位置;区域②可设置单步运动,具体可参考 4.6.5 节示教程序中第 8 梯级程序;区域③控制气泵吸合/释放,当系统为手动模式时,可以控制气泵状态。

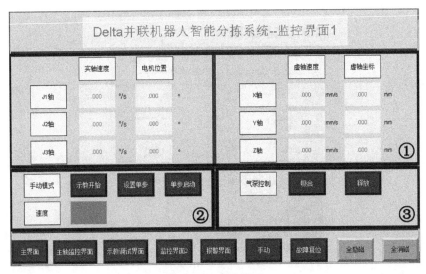

图 4-165　监控界面 1

4.7.3　监控界面2

图4-166所示为Delta并联机器人智能分拣系统的监控界面2，此界面与自动分拣程序匹配。首先让J1～J3轴全励磁，将模式调成自动模式。输入1号与2号变频器速度，分别点击"变频器速度确认"，"变频器正向旋转"或"变频器反向旋转"，"变频器启动"，变频器控制皮带运动。

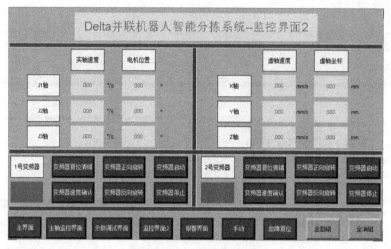

图4-166　监控界面2

如图4-167所示，将J1轴实际运动速度存储到"Display.O_09"，并将此标签与CCW关联。实际进行分拣时，即可在触摸屏上观察到J1轴实际运动的速度值。

(a) Studio 5000 标签

(b) CCW 按钮标签

图4-167　J1轴速度标签与对应按钮

如图 4-168 所示,将 $J1$ 轴实际旋转角度存储到"Display.O_12",并将此标签与 CCW 关联。

(a) Studio 5000 标签

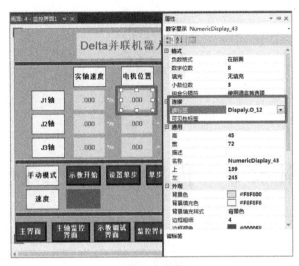

(b) CCW 按钮标签

图 4-168　$J1$ 轴旋转角度标签与对应按钮

$J2$、$J3$ 轴实际运动速度和实际旋转角度与 $J1$ 轴原理相似,所以程序相似,在此不再赘述。

思 考 题

1. 请简述 Delta 并联机器人分拣工件的流程。

2. 试设计钢琴弹奏乐曲程序,可在平板电脑内下载钢琴类软件代替钢琴。

3. 将康耐视工业相机作为长度测量工具,为 Delta 并联机器人末端执行器换装刀头,设计精密切削程序。

附录 A　用户自定义数据类型示例

附录 B　程序及界面示例

参 考 文 献

［1］罗克韦尔自动化有限公司. PowerFlex 520 系列交流变频器［Z］. 2013.

［2］钱晓龙. ControlLogix 系统组态与编程——现代控制工程设计［M］. 北京：机械工业出版 2013.

［3］罗克韦尔自动化有限公司. Kinetix 5500 伺服驱动器［Z］. 2014.

［4］李月恒. 罗克韦尔 PLC 实用教程［M］. 北京：中国铁道出版社，2015.

［5］钱晓龙，谢能发. 循环渐进 Micro 800 控制系统［M］. 北京：机械工业出版社，2015.

［6］王华忠. 工业控制系统及应用——PLC 与组态软件［M］. 北京：机械工业出版社，2016.

［7］罗克韦尔自动化有限公司. CompactLogix 5370 控制器［Z］. 2016.

［8］罗克韦尔自动化有限公司. Micro830、Micro850 和 Micro870 可编程控制器［Z］. 2018.

［9］罗克韦尔自动化有限公司. PanelView 800 HMI 显示屏［Z］. 2018.